梦笔生花

Splendid Landscapes by Imaginative Designs

【第三部】

李战修 著
Li Zhan Xiu

站在历史与未来之间
——北京文化遗址公园创新设计

Inherit the History, Create the Future
——Innovative Design of Beijing Culture Relics Park

中国建筑工业出版社
CHINA ARCHITECTURE & BUILDING PRESS

序一　承上传下　借古开今
——贺《站在历史与未来之间——北京文化遗址公园创新设计》付梓

　　建国数十年来，北京市园林局及其衍生的北京市园林古建设计研究院，乃至由其中要员下海创办的园林设计公司，为北京城市园林建设付出了长期的辛勤劳动，并获得了人民大众欢迎的可喜成绩。其中比较引人注目的是20世纪90年代后适应北京园林建设高潮而产生的设计公司。代表人物是檀馨、端木歧和檀馨并肩合作伙伴李战修等同志。

　　承担北京园林设计并获得成功是很不容易的，何况设计建成的数量可按辽金元明清连点成线。檀、李都出生在北京、学习成长在北京，对北京怀有很深的乡愁，自然就热爱北京并落实到以自己学科之长服务于北京。同时也在现代北京园林建设中得到了锻炼和提高。再将亲身实践提高到理论来总结，李战修校友所下的这番功夫是值得表扬和学习的。我并对致力于本书出版的所有同志致以同仁诚挚的敬礼。

　　中央的感召和北京市委、市政府的领导有方是至要的。而学科综合、系统全面的教育也是人才的基础。更在于毕业投入工作后如何随遇应对。他们学到的不仅是各门课程，而是"承上传下，借古开今"的哲理。把自己的位置视为"站在历史与未来之间"。深知创新的基础是传承。明代计成著《园冶》谓："时宜得致，古式何裁。"我赞同"研今必习古，无古不成今"的观点，传统即相传成统。中央强调不忘初心就是要学习研究历史的本源。北京自蓟至今，数千年文化传统无不影响北京现代城市建设。现代既意谓机遇，也是挑战。并非直接套传统，而是藉传统之机遇有所创新地发展传统。传尧舜说"天地之大德曰生"，而今紫禁城西北角南岸木牌坊匾额"大德曰生"。生就是生生不息，持续发展。这才"上善若水"北京相地形胜头两句就是"左环沧海，右拥太行。"由蓟至清都把"引水贯都"视为国家大事。有了水才有因水而产生的园林。就水与城墙而言，水是主要因子。

创新主要是渐进的，但也有突飞的点。要在满足现代社会人民居住和游览休闲生活的需要。大多数情况是建设涵有历史文化史迹的现代公园绿地。所以鱼藻池立意为"瑶池胜境"。因金代很强调瑶池仙境，今北京北海辽金时也建有瑶屿。主体建筑仍名鱼藻殿，但殿之地下空间兴建历史文化展览馆。鱼藻池水面扩大至一公顷半而朴野自然重现历史风貌。成为名符其实的鱼藻池公园。要是细看起来，各景中都有所创新，但依然呈现"景面文心，诗意栖居"的中华民族园林特色和北京地区的地方风格。这都体现了设计、施工、管理一体的综合成就。"天道助勤"，向他们学习。

孟兆祯

2016 年 11 月 30 日

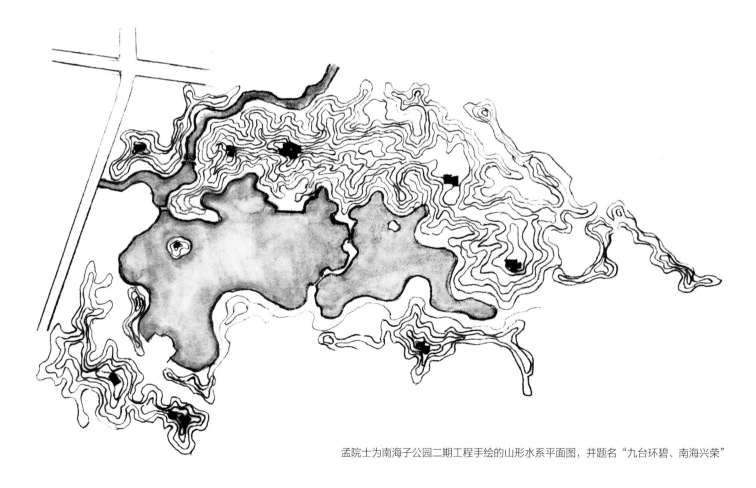

孟院士为南海子公园二期工程手绘的山形水系平面图，并题名"九台环碧、南海兴荣"

序二　创新京派新园林　迈向设计新高度

　　城市园林规划设计专业正在新人辈出，且逐步走向新的专业高度。这其中知识全面、有悟性、有驾驭能力的杰出人才也多了起来。它表现在把握全局、方案成熟、有创新意识，对规划现场把控自如、环境塑造、细部表达都能彰显功底等等。灵感、悟性固然重要，敬业吃苦、专业责任也不可缺失。成为设计团队的主心骨不是件容易的事，这当中我看好一个人：李战修。也许你根本不认识他，或者不知道他的名字，他低调厚道人品好，在设计前辈檀馨学姐的团队里一步一个脚印，成绩斐然，有思路，善管理，已经走到总经理的岗位上。直到有一天，他诚恳地请我为他的书写序，我欣然同意。

　　战修是一个北京生北京长的纯北京人，从他的作品和他本人身上，都能强烈地感受到一个在胡同里长大的有心人，纯粹的北京气质和情结。他所在的团队一开始就取名"创新园林"，他遵循这个理念，二十几年来一直在寻找揣摩老北京和新北京的体验和感觉。不信你浏览一下他的作品：元大都遗址公园、皇城根公园、菖蒲河公园、圆明园遗址公园、北二环德胜公园、通惠河庆丰公园、金中都公园、老宣武区的万寿公园等。这些作品串起来纵观，能鲜明地感受到一个比一个成熟进步，正不断注入创新与坚守相融合的风格；横看，则深深地体验到那些传统的和现代的设计词汇都烙上了深深的北京味。您不能不说他是带着深爱北京的那种割舍不了的感情，我们其至可以把这些作品称为"京派园林"的新成果。

我看好战修，绝不只是作品的精深和北京味的新文学性。在他执着地追求专业高度的同时，你会对他为人处世的低调和对别人的尊重所钦佩。其实，我和他的深度接触并不多，不能说完全进入到他的情感和价值观世界。这么多年，他从一个北京林业大学园林专业的大学生，走进北京园林的设计圈，大家看到、听到、感觉到更多的是一直踏踏实实地干活，从来没有和别人争吵，对拿不准的经常忐忑地请教老师和专家，真诚地听取别人的意见。他爱读书，有一定学养基础，每当接到设计任务，他的案头工作都是用心而细腻的。总想把设计做好，不求功名，不求赞美，这些平实的性格我其至也做不到。设计的命运已给他安排到这里了，他认命就老老实实地干活吧，不争名不争利，然而他当上创新设计团队的总经理却成了天经地义的众望所归。我与檀馨大姐说："你选了个好苗子，我欣赏。"

战修很用功，每个项目都是真诚、专注地去完成。不管从作品的总体布局、景区序列，还是很多表达文化和情感的细部都有新鲜玩意儿，特别是小尺度的精准，他那股认真较劲让人感动。

时代在前进，园林作为生态文明建设的主旋律，正在发挥着生态、休憩、文化、景观和减灾避险的综合功能。走到今天，在不断发展的新常态下，我们迈向大尺度园林的新时代，和以往我经历的那个时代的设计状态相比有了很多变化，把几平方公里、十几平方公里的大环境交给你，能和国家战略的大格局相融合吗？新时代北京和全国城市园林都遇到了大尺度、精细化的挑战，把五位一体的园林社会功能结合实际科学规划，为国家和时代负起责任而不出大的差错，正是每个园林人的追求。我相信战修会干得更好，也快五十岁的人了，各方面都趋于成熟，期待你有更大的进步和担当，期待你对学术和专业驾驭能走到时代的前列。

如今，园林规划设计任务在新常态下日趋广泛：除了城市一般公园绿地设计外，已推至生态修复、环境提升、城市设计等更多的领域。有人讲，"园林即城市"。这两者都在遵循人与天调、师法自然的宗旨和理念。在这样的时代背景下，祝愿战修能有更大的建树，并走向新的高度。

刘秀晨

2016 年 12 月 6 日

序三　欣慰的寄语

　　战修送过来他的书稿，站在历史和未来之间——北京文化遗址公园创新设计。这是我们公司专业文集——"梦笔生花"的第三部。我抚摸着眼前的文稿，不禁感慨时光流逝如白驹过隙！战修 1987 年从北京林业大学园林专业毕业，到现在差不多就是 30 年了。这个 30 年前的年轻学子，经历了长期多元文化的浸染和时代历练，今天已经成为我们风景园林设计行业的佼佼才俊，我见证了这位园林设计师成长、成才、成功的历程。看着即将要出版的书稿，我心中充满欣慰：可以说，这部书稿是他多年以来专业成长和思想修为的一个真实记录。

　　有缘的是，在他从业的 30 年中，除了在国外学习进修和工作的 5 年以外，其余的全部时间都是跟我在一起工作的，从最初的北京市园林设计院（现北京园林古建设计院）到今天的创新景观园林设计公司；难得的是，几十年来，他始终不渝对园林文化孜孜以求，尤其对中国传统园林在当今时代发展的理性认知更是殊为可贵。

　　在这本书中，战修从园林文化发展的角度，用"渐进式创新"的观点，对北京从蓟至今几千年的城市变迁做了自己的解读。通过对一城（北京古城）、一水（通惠河）相关文化遗址所形成园林的解析，介绍了从 2001 年开始，北京文化遗址公园的建设及其发展的过程。从这些设计当中，我看到他的确很用心，对项目的总体控制、文化特色和时代需求，表达得很是到位，因此他也一次次获得了机遇与成功。十几年时间里，从他的设计作品中可以明显看出北京文化遗址公园这样一条主线。

现在，中央和北京市在生态治理、文化复兴等方面都提出了很好方针和举措，中国风景园林学也成为了一级学科，这对于我们来说，无疑是好的历史机遇。我希望新一代的设计师能够在"国际化、中国风、地方特色"的新的标准下作出可以代表现代中国风景的风格和特点，走向世界。因此，我特别希望看到他们这一代以及更多的年轻同志，在思考中国风景园林如何继承优秀传统，北京园林如何保持应有的风格特征等方面，承担起更多的社会和历史的责任，能够更加有所作为，产生更多、更好的设计作品，提炼出经得住历史考验的理论观点。

战修将这部书定义为站在历史和未来之间，我也是非常赞同的。我看到通州区 60m 高的古塔在现代化的高楼包围中，丢失了昔日高耸的风采，只留下城市文化空间尺度失真的遗憾。希望我们的城市建设者，能够有"站在历史和未来"的社会和历史责任感，站到国际化千年城市的高度保护我们祖宗留下的遗产。

对创新要有正确理解。现在社会大谈创新几乎成了一种"时尚"，使得很多人，特别是年轻人误认为创新就是奇思怪想，标新立异，甚至无中生有……战修针对北京文化遗址公园规划设计所提出的创新见解，是正确的。我是崇尚创新的，我创办的公司就是以创新命名的。但我深知任何创新都需要建立在合理继承优秀传统基础之上，循序渐进是一个必然发展过程。任何让人眼前一亮的创新，其背后一定有深厚的文化积累、一定是对自然的虔诚敬畏、一定是对事物的深刻理解。设计师作为"供给侧"一方，对

于社会客观的需求，要有思想观念上的改变和适应。有了新思维和新思路，自然也就能产生出创新的作品。

看到我们行业不断有人才涌现，我相信中国风景园林的"生花梦笔"，一定会代代相传，一定会为祖国山川大地增添更美好的光彩。

为祝贺这部书的付梓刊行，也为了更多年轻人的成长和成才，更是为了中国风景园林事业的美好未来，我写出上面的文字并爱以为序。

2016 年 12 月 8 日

自序　学习与认知

我从小住在北京东二环内的朝阳门内大街，那时的朝阳门城墙和城门都已被拆除，但护城河还在，城的痕迹还在，跨河是一座破旧的水泥桥。所就读的朝阳门小学就离河边不远，学校每天就上半天课，下午一放学几个小伙伴就约到一起，沿着护城河一边向河中投着石块，一边玩着水捞着鱼虫和小鱼，一路向南就到了日坛公园，玩上一下午。初中就读的中学就在朝内大街北边的竹竿胡同里，这是一条从明代就有的胡同，班里的同学们都生活在周边各条胡同的大杂院里，所以没课时大家就开始游走嬉戏于各个胡同，串胡同成了我们唯一的娱乐活动。因此从小那些城门、城墙、护城河还有老北京的胡同，以及胡同生活就隐隐地蕴蓄在内心深处，似乎有着一种特殊的情结。

直到1983年考入北京林学院（现北京林业大学）园林系，

北京朝阳门现址及古城门数字合成照片

正好从事了与此相关的职业。有幸的是，那个年代许多德高望重的老先生都亲自教课，在他们的言传身教中，我受到了潜移默化的影响，开始对园林有了初步认识。大学4年中，对我影响最大的就是最后阶段的南方实习和毕业设计。4年级时，我有幸跟随当时的系主任郦芷若先生和当时她的研究生李雄、马劲武，一同做兰州北山森林公园的设计。从基础调研、策划设计到方案汇报，第一次完成了一个完整的设计。1987年大学毕业后，分配到了北京市园林设计院（现北京园林古建设计院）工作了3年，期间参与了许多园林项目的设计。那一时期的设计，多以绿化种植为主。当时，为了办好1990年的亚运会，北京迎来了新中国成立以来第一次以重大国际赛事带动全面提升城市环境质量的契机。我积极参与了多项重要的设计项目：亚运村园林环境、窑洼湖公园、北二环绿化带，特别是分钟寺立交桥绿化设计，第一次获得了首都绿化美化设计一等奖。通过这些项目的设计，我对植物习性及配置有了比较深刻的理解和认识，能够比较熟练地掌握北京园林常用的种植设计方法。

现在回想起来，自己刚参加工作那几年，几乎都是被动地受老师和工作的引导支配，可以说是在困惑与迷茫中度过的。在后一段时间，特别是在参加北京亚运会环境设计时，接触了一些古典庭院的项目，渐渐发现自己对中国传统造园理论和园林古建产生了浓厚的兴趣，有了想投入更多的精力去探究的欲望。于是，在1990年考取了北京林业大学研究生，离开设计院，重回母校，师从专门研究古建的白日新教授，开始了3年的学习生活。研究生阶段学习相对比较自由，有了明确的目标就有了针对性的积累，其间收获最大的2门课程，是孟兆祯先生的《园冶例释》和白日新先生的《古建技术》，使我对中国传统造园理论和园林古建营建法式的理解和感悟上了一个台阶。我的硕士论文题目是《风景环境中的楼阁》选取了古建中构造最复杂的楼阁建筑进行了全面分析，写论文过程中结识了古建专家马邺坚先生，承蒙马先生的认可，论文全文发表于《古建技术》杂志，对于我这个刚入门的研究者是个不小的鼓励。

1993 年，研究生毕业后，我在中外园林建设总公司工作了 5 年时间，期间 4 年时间被派到国外工作，分别在日本和新加坡各学习和工作了近 2 年时间。在国外期间，我参与了各种类型项目的规划设计和现场实施，感受到了国外同行们严谨的工作态度和科学有序的工作流程，特别是对这两个国家的园林特点有了深刻的体会和认识。

1993 ～ 1995 年，我在日本福冈的一家造园事务所工作，在工作之余造访了日本各地的园林。从经典的古代庭园到现代的都市景观，受到了很大启发，使我强烈感受到了日本园林从传统到现代的演变过程以及其在每个作品中的具体表现，并最终走出了一条从"吸收—重构—创新"的渐变式的发展之路。其中无论哪种风格设计都蕴含并散发着日本民族独特的生活观和审美意识。特别是整个社会对匠人文化、匠人精神的推崇和发扬。精耕细作、踏踏实实，习惯性地对于做任何事都有一种艺术般的追求，每一个作品都是从不凑合都力求尽善尽美，这一点特别值得我们学习。

1996 ～ 1998 年，我又被派到新加坡工作了 2 年。在这里我体会最深的是多元的社会文化所衍生出了多样化的园林景观，呈现出了英式、中式、印度、马来和现代等不同风格的园林。不同的种族、不同文化习俗的人们共存于一个城市之中。能在城市建设中满足他们不同的需求并达成共识，同时找到一条协调文化冲突的最佳发展之路，这一点不能不佩服新加坡管理者们的智慧。在多元并存和相互融合中，逐渐走出了自己的园林之路，最终形成了独具魅力的新加坡式的园林风格，非常值得我们借鉴。

1998 年，机缘巧合又碰到了在园林古建设计院工作时的老领导檀馨老师，那时，檀老师已经创办了园林设计公司。

于是，我在这里开始了新的设计生涯，以前的思想领悟和技术积累，不但有了一个很好的发挥平台，而且也赶上了中国现代园林飞速发展的年代。这些年，我经历了北京奥运会、共和国 60 周年大庆、APEC 会议等大规模的城市改造与高级别的国际赛会，使我们在很长一段时期内处于兴奋、紧张的状态，在历史机遇和大量的项目中忙碌不堪。在身处城市不断的更新改造中，我渐渐发现了一条轨迹，就是通过不断发现历代残存的城市建设遗址、生活遗迹以及文化遗存，从中可以看到北京作为城市的肇始与发展变迁的历史过程和一些时代轮廓，而这些重要的历史遗存，完全可以通过园林的理法和技法给予最恰当的保护和最合理的利用。对于历史上优秀文化的遗迹，最合理的利用就是最恰当的保护，这是国际上普遍具有的一个基本共识。在中国，传统与现代园林的结合，无疑可以成为更好地解决这方面课题的重要路径，实际上，这已经为我们的大量设计实践所完全证实。我能亲自参与这方面的工作感到责任重大而且特别有意义。事实上，那些年，随着我们这方面设计实践的不断增多，也为北京城历史文化的保护提供了新的模式和思路，北京各类文化公园的建设也由此得到了政府和社会上前所未有的重视。

现在看来，我对如何应用中国现代园林和继承传统文化与理论的认识，经历了一个从模糊被动到逐渐清晰主动的过程，这个过程有两个突出的特点，一是实践的数量多，一般来讲数量的积累可以引起理念的升华；二是所承担项目有相对集中的主题——现代园林如何体现古都文化。对此，我非常庆幸这20多年来给我教诲、助我成长的多位师长、同行和朋友，庆幸赶上时代发展的机遇，能让我实现了孩童时就存在的隐约而懵懂的梦想。我能用自己职业生涯的一部分，去触摸和体会北京这个六朝古都的历史，用我的专业技能系统地梳理和表现那些仍具生命张力的历史文化景观，这确实是非常幸运的。

前 言

1 缘起

我们所生活的北京城，是经历了上千年的积累与沉淀而成的，形成难，毁坏易，一朝毁坏则难以恢复。而现在，在城市建设中经常会出现一方面不注意城市特色的维护，另一方面又热衷于修建新的标志性建筑，城市的规划部门一直在古都风貌和国际化大都市之间摇摆。决策者们常常热衷于改变传统和固有的风格，盲目追求特色和创新，实际上却陷入另一个误区，就是在改变中渐渐失去了自己的特色，个体的改变却带来整体的雷同，导致了各个城市面貌千篇一律，城市普遍出现了"特色危机"和"故乡丧失"。回顾我们经历的相当一段时期内，我们的城市建设差不多都面临一个共同的趋势，就是我们都在趋向同一模样，失去了原有的城市形象，失去了原有的文化氛围。这种现象引起了城市记忆的丧失，它有外在和内在两方面原因。

外在的原因是大规模的城市建设使整个城市中独具特色的历史地段和主要的标志物逐渐消失或被片段化、碎片化，那些曾经重要的历史遗址或是消失，或是被隐匿而散落在城市的各个角落，相互间不关联、不完整，这是城市空间变迁过程中普遍存在的现象。城市需要现代化，需要创新发展，创新可以分为两种：一种是"渐进式创新"，它强调的是延续性，是传统文化与技术革新交融调和的过程；另一种是"颠覆式创新"，强调全新的方式，是全新观念与全新的技术变革交织的产物。内在的原因恰恰就是我们所有城市的现代化几乎都是选择了"颠覆式创新"、向西方看齐的发展模式。其评判标准带有强烈的西方文化倾向，掩饰了现代化应当是传统文化和现代技术融合的基本要义，

导致出现了各种缺乏创造的文化附庸现象。

在古代，各个朝代的轮换和城市的变迁大都经历的是一种缓慢的沉淀与变化。因此，在历代的城市更替中大多维持了相对宜人的尺度和文脉，维系着内在的秩序与联系，使整个城市尺度空间保持着相对一致的适宜性，即在一定的规制之下一脉相承。而我们现在的城市发展和建设在很大程度上超越了正常的限度，呈现出前所未有的扩张速度和超大规模，进而生硬而无情地摆脱了原有城市的尺度和脉络，使很多城市拥有了现实的高度却丢失了历史的厚度，导致了许多城市面貌被毁坏和许多城市空间的非人性化。

北京城是中国历史文化名城的典型代表，也是世界闻名的文化古都。自从新中国成立并确定了在北京旧城基础上建设和发展新城，实际上就拉开了对北京老城区改造的序幕。虽然大规模的城市更新是在20世纪90年代以后，但事实上，1949年时，北京有大小胡同7000余条，到20世纪80年代统计只剩下3900条左右，随着北京旧城区改造速度的加快，近一两年来，北京的胡同正在以每年600条的速度消失。进入20世纪90年代以后，古城保护开始面临更加严峻的困局。随着地产开发带来的拆房运动的急速发展，大批项目以"危旧房改造"的名义涌入古城，使北京旧城受到前所未有的冲击，整体面貌发生了巨大改变。而北京旧城是一座有生命的城市，是一个生态系统。旧城改造和城市更新，是对城市中某一局部衰落的区域进行改造，实际上是自我完善、自我修复式的新陈代谢，是渐变式的微循环模式，不适宜突变式的一刀切模式。拆出来的大片空地被赋予了新的城市功能，大体分为三类：首先是商业性的办公和住宅，其次是公共性的道路和立交桥，再

次是公益性的公园绿地。由于前两项占据了绝大部分的用地，造成了历史风貌的消失和城市生态的破坏，引发了诸多的社会问题和争议。如何解决一直是摆在我们设计者面前的一道难题，值得我们认真研究总结与思考。与此同时，这些需要重新建设的公园绿地也使北京园林迎来了新的高潮。人们也越来越认识到旧城改造不是简单的拆旧建新，更重要的是如何延续我们固有的历史文脉，使传统与现代各得其所，相得益彰，于是园林行业也越来越受到全社会的重视，也迎来了前所未有的大好机遇。

2 机遇

20世纪90年代开始，北京率先启动了旧城有机更新的建设，结合旧城拆迁，探索保护古迹和发展绿地的措施，北京园林也迎来了新的建设高潮。由于全社会对古城遗址的保护与利用开始逐渐重视，以体现北京城的历史格局的遗址公园也成批涌现，先后建成了一批具有北京鲜明城市特色的文化型公园。作为参与其中的设计者，我们一步一个脚印走过来，前后做了几十个项目，越做越觉得北京城历史的厚重感，越觉得研究学习北京城市发展历史的重要性。2001年，我们最先设计皇城根遗址公园、菖蒲河公园时，开始对明、清北京城有了一定的了解。2003年，接着做元大都遗址公园，又收集踏查了元代北京城的资料，通过对元、明、清京城的历史进行详细研究后进行了设计。公园建成后，觉得这类有关北京城墙遗存的公园已经建设得差不多了，没想到随后在2013年又设计了金中都公园，发现金代才是第一个在北京建都的朝代，它的历史文化价值更加重大。而2015年，又开始莲花池公园的改造设计，找到了北京城的真正的发源地，接触到了北京城的起源之争，就这样在不断的实践中一路追踪寻源，将每个阶段城市发展的历史与风景园林设计相结合，理清了这座城市的历史脉络，设计出来一个完整反映北京城市发展变迁的遗址公园体系。

回过头来看，这些年所做的项目大多都是边设计边实施，虽然对每一个项目的都做了认真的研究，但却一直没有来得及做完整和系统的梳理和总结。近年来，也经常看到一些文章，大多是作为旁观者去分析、理解我们所设计的相关案例，看到他们由于缺少对整个设计过程和基本图纸的了解，往往以偏概全。由此感觉到有必要作为设计者来系统总结和梳理这些作品。通过对作品的分析，除了空间形式、文化细节外，追寻一下我们在这个过程中，对中国传统与现代园林融合与创新的艰辛探求，对利用现代园林更好地实现古都文化保护与利用的坚持不懈。我能够这样一直完整地参与了整个设计和建设过程也是种特殊的机缘巧合，于是就萌生了要把这段经历和感悟总结出来的想法，而且我想不能把此书仅仅归纳为简单作品集，重要的是希望能够以此呈现出北京城市的发展脉络，使生活在这座城市的人们，特别是从事城市相关决策者和设计师们，如果能从中发现和了解一些这个城市曲折的发展历程，体会到园林与城市发展的关系，认识到园林对于城市建设不可或缺的作用，体会到园林是文化提炼和表达城市特色的重要方式，从而能够更加珍惜和爱护我们所生活的这座历史文化名城，就是本书的目的。

目　录

序一　承上传下　借古开今

序二　创新京派新园林　迈向设计新高度

序三　欣慰的寄语

自序　学习与认知

前言

第一部分　综述——北京从历史中走来

第一章　追寻历史上的北京城 ················· 003

1.1 北京建城选址原因 ················· 003

　　1.1.1 自然条件优越 ················· 003

　　1.1.2 交通枢纽与军事关卡 ················· 003

　　1.1.3 历史与文化积淀 ················· 003

1.2 北京城池的发展 ················· 004

　　1.2.1 西周初期——蓟燕古城 ················· 004

　　1.2.2 秦汉隋唐——北方重镇 ················· 005

　　1.2.3 辽代陪都——南京城 ················· 006

　　1.2.4 金代建都——金中都 ················· 010

　　1.2.5 元代都城——元大都 ················· 013

　　1.2.6 明、清京师——北京城 ················· 017

第二章　北京历史文化景观的特殊性 ················· 022

2.1 北京历史文化景观的形成 ················· 022

2.2 北京历史文化景观的表达 ················· 022

　　2.2.1 时间发展 ················· 022

　　2.2.2 空间形态 ················· 023

　　2.2.3 文化特征 ················· 023

第三章　北京城市历史地段的重要性 ················· 024

3.1 城市空间的异化 ················· 024

3.2 历史地段的消失 ················· 024

3.3 城市记忆的保留 ················· 025

　　3.3.1 历史形态的连续性 ················· 026

　　3.3.2 空间肌理的连续性 ················· 026

　　3.3.3 文化传统的连续性 ················· 026

第四章　遗址与遗址公园 ················· 027

4.1 国外遗址开发、保护和利用 ················· 027

　　4.1.1 亚洲国家 ················· 027

　　4.1.2 欧洲国家 ················· 029

　　4.1.3 美国 ················· 030

　　4.1.4 加拿大 ················· 031

4.2 遗址与公园的关系 ················· 031

4.3 遗址公园的分类 ················· 031

　　4.3.1 地面以上遗址 ················· 031

　　4.3.2 地面以下遗址 ················· 032

　　4.3.3 依托遗址文化 ················· 032

4.4 保护与利用的关系 ················· 032

4.5 遗址公园的景观评价 ················· 032

　　4.5.1 遗址景观 ················· 032

　　4.5.2 文化景观 ················· 032

　　4.5.3 自然景观 ················· 032

4.6 遗址公园的设计方法 ················· 033

　　4.6.1 整个公园都是遗址 ················· 033

　　4.6.2 遗址只作为核心形象和文化特色 ················· 034

4.7 北京城墙遗址公园的基本特点 ·················· 034
　　4.7.1 建设特色 ·················· 034
　　4.7.2 共性分析 ·················· 035
4.8 北京水系遗址公园的基本特点 ·················· 035
　　4.8.1 莲花池水系——北京的"摇篮" ·················· 035
　　4.8.2 通惠河水系——北京的"生命线" ·················· 036

第五章　我们的设计 ·················· 037
5.1 设计风格 ·················· 037
　　5.1.1 北京园林的风格框架 ·················· 037
　　5.1.2 "渐进式创新"的设计风格 ·················· 037
5.2 设计特点 ·················· 038
　　5.2.1 继承与创新并重的原则 ·················· 038
　　5.2.2 表现遗址和遗存的原真性 ·················· 039
　　5.2.3 注重景区文化的连贯性 ·················· 039
　　5.2.4 植物景观和生态多样性 ·················· 040
　　5.2.5 公共空间功能的综合性 ·················· 040
　　5.2.6 新技术新材料的实用性 ·················· 040

第二部分　案例——园林与城市一起成长

第六章　与城墙相关的9个案例 ·················· 043
6.1 生命印记——莲花池公园（西周初期） ·················· 044
　　6.1.1 莲花池历史概述 ·················· 044
　　6.1.2 莲花池公园概况 ·················· 047
　　6.1.3 现状存在的问题 ·················· 050
　　6.1.4 公园定位与主题特色 ·················· 050
　　6.1.5 景观分区和2条游线 ·················· 053

6.2 蓟丘寻古——天宁寺桥北街心公园
　　（西周初期） ·················· 058
6.3 建都之始——金中都公园（金代） ·················· 069
　　6.3.1 缘起 ·················· 069
　　6.3.2 概况 ·················· 075
　　6.3.3 设计特点 ·················· 075
　　6.3.4 建成效果 ·················· 078
6.4 中都遗迹——鱼藻池公园（金代） ·················· 089
　　6.4.1 项目背景 ·················· 089
　　6.4.2 鱼藻池遗址的研究价值与恢复意义 ·················· 089
　　6.4.3 鱼藻池历史演替过程 ·················· 089
　　6.4.4 鱼藻池遗址现状及保护建议 ·················· 092
　　6.4.5 鱼藻池公园设计方案 ·················· 095
6.5 大都盛世——元大都城垣遗址公园（元代） ·················· 097
　　6.5.1 概况 ·················· 097
　　6.5.2 地理位置及前期准备 ·················· 098
　　6.5.3 保护与利用的双赢 ·················· 099
　　6.5.4 公园的三条主线 ·················· 099
　　6.5.5 设计体会 ·················· 107
6.6 红墙留影——明皇城根遗址公园
　　（明、清时期） ·················· 115
　　6.6.1 鲜为人知的皇城 ·················· 115
　　6.6.2 场地的格局与概况 ·················· 115
　　6.6.3 遗址公园的设计定位 ·················· 118
　　6.6.4 几个重要的文化节点 ·················· 119
　　6.6.5 植物景观特色 ·················· 119
　　6.6.6 "整合"理念下的设计效果 ·················· 119
6.7 转角记忆——西皇城根南街绿地

（明、清时期） ……………………… 130

6.8 阜成梅花——西二环顺城公园（明、清时期）… 136

  6.8.1 场地的历史文化 …………………… 136

  6.8.2 设计特色 …………………………… 136

6.9 古城遗痕——北二环德胜公园和城市公园

（明、清时期） ……………………… 146

  6.9.1 背景 ………………………………… 146

  6.9.2 依据 ………………………………… 151

  6.9.3 特点 ………………………………… 151

第七章 与水系相关的 6 个案例 …………… 164

7.1 漕运终点——什刹海风景区（元代） ……… 165

  7.1.1 历史沿革 …………………………… 165

  7.1.2 总体规划 …………………………… 167

  7.1.3 现状分析 …………………………… 167

  7.1.4 设计构思 …………………………… 167

  7.1.5 设计定位 …………………………… 169

  7.1.6 文化特色 …………………………… 170

7.2 水穿街巷——玉河公园（元代） ………… 182

  7.2.1 历史沿革 …………………………… 185

  7.2.2 建设意义 …………………………… 185

  7.2.3 考古先行 …………………………… 185

  7.2.4 设计思路 …………………………… 185

  7.2.5 设计内容 …………………………… 185

7.3 古韵如画——菖蒲河公园（明代） ……… 196

  7.3.1 特殊的位置 ………………………… 196

  7.3.2 设计定位 …………………………… 197

7.3.3 基本对策 …………………………… 197

7.3.4 风格特点 …………………………… 197

7.4 二闸新景——庆丰公园（元代） ………… 214

  7.4.1 项目概况 …………………………… 214

  7.4.2 场地的过去 ………………………… 214

  7.4.3 设计定位 …………………………… 216

  7.4.4 景观空间结构 ……………………… 217

  7.4.5 节点塑造 …………………………… 217

  7.4.6 建成评价 …………………………… 221

7.5 朴野现代——通州商务园滨河公园 ……… 230

  7.5.1 项目概况 …………………………… 230

  7.5.2 设计理念 …………………………… 232

  7.5.3 功能分区 …………………………… 232

  7.5.4 生态特色 …………………………… 234

  7.5.5 景观特色 …………………………… 236

7.6 阔水平林——大运河森林公园 …………… 244

  7.6.1 项目概况 …………………………… 244

  7.6.2 设计目标 …………………………… 244

  7.6.3 规划理念 …………………………… 245

  7.6.4 景观小品 …………………………… 247

  7.6.5 绿化种植 …………………………… 250

结语：构建历史文化遗产廊道 …………… 266

附表：公园案例项目名录 ………………… 267

参考文献 …………………………………… 268

后记 ………………………………………… 269

第一部分 综述
——北京从历史中走来

　　北京是一座具有悠久历史又耐人寻味的城市，过去与现实交汇于此，不仅交相辉映呈现出一条纵横千年的时空长廊，同时又是一幅苍茫鲜活的人间画卷。北京旧城是中国古代都城建设的最后遗存，它的城池是在古代历史名城的基础上逐步发展建设起来的，今天的位置是在历代城市的位置上有变化地叠加而成，但城市的基本位置与格局却未发生重大变化。这座城市最具魅力的还是它厚重的历史文化底蕴，作为历史文化名城，它是世界城市史上的瑰宝，被梁思成先生称为"都市计划的无比杰作"。它所具有的独特传统城市空间环境和巨大的文化价值，对北京历史文化特色的形成具有至关重要的作用，也是北京历史文化发展的一个重要源泉。

　　文化影响力是城市综合竞争力中重要的软实力。随着文化信息的传播和城市功能区域的转换，政府和大众逐步认识到，古代城市的建设遗址、生活遗迹以及文化遗存是区域内特殊的文化资源，其文化价值有着不可替代的独特性和唯一性。对于它们的保护与利用，不仅是对历史的尊重与延续，也是创造和记录当代城市文明的一种形式。而通过现代城市园林的理论和技法所进行的遗址公园的建设，我们称之为"恢复性"或"保护性"建设，可以更加丰富一个城市的建设品质、文化内涵和独特风貌。

　　毋庸讳言，在遗址和遗迹的诸多形态中，城墙是中国城市最基本、最引人注目又最坚固而悠久的部分。正是这一道道、一重重的墙垣构成了具有中国文化的特殊符号，形成了城市的外在框架和内部结构，即使是在东西方文化高度融合的现代，仍然可以予人一种东方文明真实、厚重的历史感。

第一章　追寻历史上的北京城

了解城池，是走进北京城市历史大门的珍贵钥匙。城者，墙也；城垣，闭合也；池者，人工停水也。也就是说，城垣和水系是构成北京城市的两个最基本要素。宏阔的城垣曾经宛如大地之上一条巍峨壮美的项链，古老的城市运河和相关蜿蜒的河流水系，见证着北京的古老文明。历经金、元、明、清几个时期的治理，北京形成了以通惠河为主线，其间串联城区河湖，形成极富中国传统特色的北京古代城市水系格局，是北京城市发展过程中一颗璀璨的明珠。

由于北京城的历史变迁漫长而复杂，长期以来，从各种角度对其开展的研究可谓层出不穷，但以园林的角度来陈述北京的建城历史却不多见。因此，这不仅使我颇有兴致，也感到作为设计者和建设者，所应该担负的那一份责任。我会尽量通过与各年代文字相对应的、目前现存的遗址和遗迹，结合园林的发展特点来介绍北京城市的历史变迁，强调园林与城市发展的关系，用园林来表现当下与历史的联系，通过实景、实物，让人们感到历史不仅仅是枯燥的文字，同时也是存在于我们身边的、仍然具有活力的文化，值得我们去追寻、去品味、去畅想⋯⋯

北京湾地形图（来自网络）

1.1 北京建城选址原因

1.1.1 自然条件优越

范镇之《幽州赋》将北京的总体地势概述为"左环沧海，右拥太行，北枕居庸，南襟河济，形胜甲于天下"。山地丘陵自西、北和东北三面环抱着北京城所在的小平原，整个地形像一个临海的港湾，故人们形象地叫它"北京湾"，又称为"北京小平原"。这里不仅地势平坦，而且土壤肥沃、雨量也适中，从而会首先发展耕作业，并进而出现城市。

广阔的平原又正是其发展所需要的空间。海河水系的北运河、永定河、大清河、子牙河、南运河等，形成了一个巨大的扇形水系，汇流天津而东注渤海。正是在这水甘土厚的北京湾里孕育了北京城。

1.1.2 交通枢纽与军事关卡

北京地处我国东北平原、华北平原和蒙古高原的交接点上，是沟通这三大地理单元的中间站，也是连接我国华北、东北和西北地区的交通枢纽，贸易往来的重要通道，在中国政治地理格局中具备得天独厚、无可取代的优越区位条件。

1.1.3 历史与文化积淀

中国古都的彼消此长大体是沿着东西、南北两条轴线位移的。如果以宋代为分界，则在此以前中国古代都城主要是

西周燕都遗址博物馆

在东西轴线上移动；此后则主要是在南北轴线上移动。这种变化无疑与自然环境的变迁，经济文化中心的转移有着密切的关系。此外，与相邻国家之间的纷争形式变化也是相当重要的影响因素。金、元、明、清四代，尽管中国的经济、文化中心在江南，但是为了适应民族斗争形式的需要均以北京为都。

1.2 北京城池的发展

1.2.1 西周初期——蓟燕古城

根据历史记载，北京建城最早可以追溯到西周初期，公元前1045年距今（2015年）已有3060年历史。西周初年周王朝在北方地区先后分封了两个诸侯国——蓟与燕，蓟在北，燕在南。武王时封蓟，成王时封燕，蓟在前，燕在后，相隔大约不到十年。蓟城与燕都的建立标志着北京城建史的开端。

西周时期的蓟城得名源于蓟丘。北魏郦道元《水经注》有记曰："今城西北隅有蓟丘，因丘以名邑也"。另一种说法是其地产名叫蓟的多年生直立草本植物，初夏开紫红色花，因而以蓟为名。城中心位置在今西城区广安门外。

燕国都城就建在了古代的圣水（今大石河、琉璃河）及其支流防水（今丁家洼河）河畔，位于今天北京西南的房山区琉璃河镇、董家林村。燕国名称来源说法之一是，它在氏族部落时期，以燕为图腾，故而称燕。

大约在春秋初期，燕国变得强盛，蓟国弱小，于是燕国兼并了蓟国，并将都城迁到蓟城。燕国迁都蓟城的原因，据推测是由于圣水河流涨落无常，且水量较小，而蓟城位于古代灅水（今永定河）附近，水量充沛，水流稳定，更加适宜人类居住生活。

1. 北京城的起源之争

2015年，古老的北京城正好3060岁了。人们发现，在房山的琉璃河和西城的广安门，都在举办相关纪念活动。可到底哪里才是北京城的起源地呢？

蓟城纪念柱

1972 年开始发掘的房山琉璃河燕都遗址所出土的国宝级文物表明北京城的起源在房山琉璃河，并在当地建立燕都遗址博物馆。而在西二环、广安门附近的滨河公园里，"蓟城纪念柱"矗立在此已有 20 年。纪念柱顶端雕刻着四行字："北京城区，肇始斯地，其时惟周，其名曰蓟"。这是已故著名的历史地理学家侯仁之院士所写的，意思是说：我们今天的北京城区最早是在这个地方起源的，当时是西周时期，这个城叫蓟城。

两处"源头"同时展开纪念，一个有大量文物出土，另一个没有文物，只有纪念柱标明身份，但没有确凿的研究成果表明北京城的起源到底是哪个。然而，关于北京城的起源地，目前最著名也最为认同的观点要属国内历史地理学的开创者侯仁之院士的"蓟城说"。他在《建城史》中明确说"北京建城之始，其名曰蓟"。大量历史文献对这一说法提供了理论支撑。对此北京大学著名学者岳升阳教授这样解释：从文献上讲，蓟城年代要稍早一些，可是目前尚缺乏有力的出土文物做支撑。由于今天的广安门一带，早已成为繁华的都市，这无疑给考古发掘带来巨大的困难。因此，如果因为广安门内外一带尚未发掘出早期蓟城的遗址、器物而否认蓟城的存在，否认蓟城是北京城的肇始之地，是有悖于历史文献记载和一些勘探研究成果的。

2. 蓟城水源——莲花池

北京是一座循水而建的城市。北京古城位置的迁移，与水源的布局变化有直接的关系。北京古代的先民一直在努力寻找一个既能为城市提供充分用水，又不会危害城市安全的合理的水源。

今天的莲花池曾经是永定河冲击和改道所形成的北京平原若干湖泊中的一个。莲花池水系是北京城的摇篮，为蓟城的发展提供了水源。北魏地理学家郦道元所著《水经注·㶟水》记蓟城西大湖有云："湖有二源，水俱出〔蓟〕县西北平地，（道）〔导〕泉流结西湖。湖水东西二里，南北三里，盖燕之旧池也。渌水澄澹，川庭望远，亦为游瞩之胜所也。湖水东流为洗马沟，侧城南门东注"。这里所说的大湖，就是今莲花池的前身。

1.2.2 秦汉隋唐——北方重镇

从历史文献记载来看，从东汉一直到唐代，蓟城的位置没有变化。蓟城在秦汉至隋唐时期，是统一的中原王朝的一座北方重镇。蓟城从过去燕国的领地中心转为秦王朝的一个北方军事重镇和交通枢纽。可以这样说，自秦汉至隋唐前后的 1000 多年间，每当中原的汉族统治者政权稳固，实力强大，开拓疆土的时候，就必定要以蓟城作为经略东

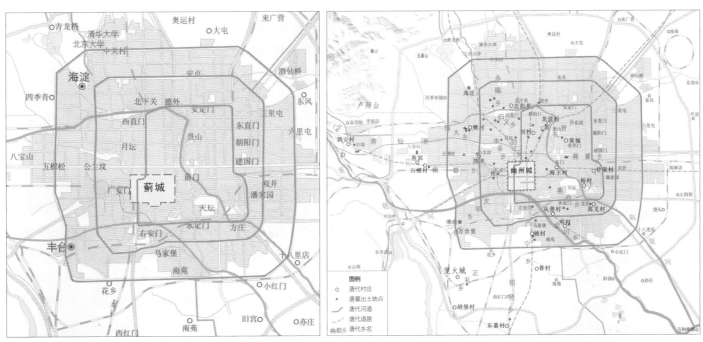

汉代蓟城位置图　　　　　　　　　唐代幽州城郊图

法源寺

法源寺中的纪念柱

北的基地；反之，每当中原的汉族统治者内部斗争剧烈，游牧民族趁机内侵时，蓟城又成为汉族统治者军事防守的重镇。蓟城因地处华北大平原的门户，成为双方统治者的必争之地。当局面安定时，蓟城又会很快发展起来，成为中国北部的一个经济贸易中心，促进汉族与北方游牧民族之间的物资以及文化交流。

今宣武门外的三庙街，就是唐代的檀州街，街道的位置，千余年没有变动，称为北京最古老的街道。今天宣武门外的法源寺，是市内现存历史最悠久的名刹之一，是唐太宗为追念死亡战士，安抚军心而建，寺在武则天万岁通天元年（696年）建成，赐名悯忠寺。清雍正十二年（1734年）修缮时赐名法源寺。

1.2.3 辽代陪都——南京城

在唐朝末年，北方的少数民族契丹崛起。到了五代十国时，占领了幽州，建立了辽朝，并于公元938年将幽州蓟城改称为南京城，作为陪都。辽南京城基本沿用了唐代的蓟城，位置没有变化，依旧在西湖和洗马沟（今莲花池和莲花河）附近，在唐幽州城的基础上做增减修建。

南京城作为辽代陪都达82年，还曾有3年作为辽代都城，共历时85年。南京城随着辽的终结，先成为北宋燕山府，后又成为金的中都。在北京的城市发展史上，辽代的南京城是一个重要的阶段。正是从这时开始，北京从一个北方军事重镇向政治、文化城市转变，揭开了北京首都地位的序幕。

1. 城墙

南京城分为外城（罗城）和子城（皇城）两重。据《辽史·地理志》记载：南京城周围36里，城墙高3丈，宽1.5丈。城墙外有沟堑三层。城墙上有敌楼。城门共八座，城门外设有吊桥。其八门分别为：东为安东、迎春，南为开阳、丹凤，西为显西、清晋，北为通天、拱辰。皇城在外城内的西南隅，皇城的东北隅有燕角楼，皇城的三隅均与城垣相交，只东北隅独立，故建此楼。皇城六门：南为南端门、左掖门、右掖门，东为宣和门，西为西显门，北为子北门。

2. 城垣故址

宣武门内的头发胡同就是辽南京城北城垣的所在，此

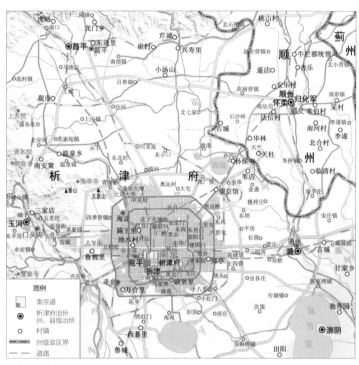

辽代南京城位置图

辽代南京城图

头发胡同

受水河胡同

胡同地势明显高于四周的胡同，是开筑城垣于此的缘故。而头发胡同北边的受水河胡同，就是辽南京城北垣外的护城河。后来河道干涸，人称"臭水河"，再后来地名雅化为"浸水河"，1965 年改名为受水河胡同。由此可知，头发胡同与受水河胡同曾是辽南京外城的北城垣。

今天北京菜市口的西侧，绿化带中立着一块石碑，上

书"辽安东门故址"。此安东门正是辽南京城东垣北侧的城门。能发现东垣，烂缦胡同发挥了重要作用，经考证烂缦胡同就是蓟、幽州与辽南京时东部的护城河。

3. 大城南城垣

右安门内大街与白纸坊西街、东街有个交叉路口。在十字路口的西北角，有块不显眼的石碑，上面刻字"辽开

辽安东门故址

阳门故址"。辽南京城的南垣，在今白纸坊西街至东街一带。不过今天的右安门东侧仍有以"开阳"命名的地名，如"开阳桥"、"开阳路"，这里也是辽南京城的开阳门外地区，两者之间必定有联系。

4. 大城西城垣

广安门外甘石桥以南有莲花河，古称洗马沟，水源来自于莲花池。其实，莲花河在广外大街以南从北向南流的那一段，就是辽南京城西垣的护城河。也是辽南京城四面护城河当中，唯一一段保留至今的。

5. 皇城城垣

皇城城垣位于外城西南，故其四角仅有东北角不与外城城垣相交，因此在此建角楼，名为"燕角楼"。故址在广安门内大街与南线阁的交汇处。"燕角"谐音"线阁"，这也就是南线阁、北线阁的得名由来。

6. 天宁寺舍利塔

在今广安门外。公元5世纪北魏孝文帝时创建，初名光林寺，后屡改寺名。隋文帝时加以改建，名宏业寺。唐时改名为天王寺。辽代在寺后建高塔，元末毁于兵火，高塔独存。后明初重修寺宇，宣德年间改名为天宁寺。天宁寺为实心砖塔，平面呈八角形，13层，总高57.8m。

烂漫胡同

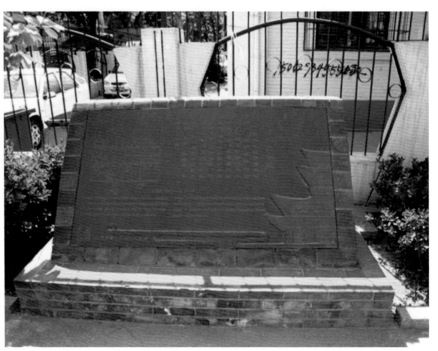

辽开阳门故址

莲花河

燕角楼故址

天宁寺舍利塔

天宁寺舍利塔

1.2.4 金代建都——金中都

正当辽代统治衰落的时候，中国东北部女真族首领完颜阿骨打，在金国元年（1115年），建立金朝，定都上京（今哈尔滨市阿城区）。北部的金朝和南部的宋朝，结成同盟，联合攻辽。宣和四年（1122年），金兵攻辽，夺取燕京。金向宋以索取大量钱米作代价，将燕京移交给宋。宋改燕京为燕京府。宣和七年（1125年），金灭辽。同年十二月（1126年1月），金军南下攻宋，占领了燕山府。金以燕京为都城，是在古蓟城基础上成长起来的最后一个大城，也标志着北京正式成为皇都，并成为中国的政治中心。这是北京发展史上的一个转折点，即北京由方国都邑、北方重镇，而成为正式皇都的转折点。

1. 城墙及现存遗址

金中都城是在辽南京城基础上向东、西、南三面扩展而成，北面受河道影响未向外拓展，东南城角位于永定门火车站西南，东北城角在和平门里翠花街一带，西北城角在羊坊店附近，西南城角在凤凰嘴村。

金中都城仿照北宋都城汴梁的规制，整体略呈长方形，分为大城、皇城、和宫城三重结构。据记载，大城周长54里（宋里），城墙高40尺，今实测周长约18.7km。大城城墙四面各建三座城门，北城墙后来又增加一座，共十三座：东边有阳春、宣曜、施仁三门；西边有灏华、丽泽、彰仪三门；南边有端礼、丰宜、景风三门；北边有会城、通玄、崇智、光泰四门。

中都的皇城是在辽南京城皇城基础上扩建的，位于中都城中心偏西南，呈长方形，东西南北开门四座，即东面的宣华门、南面的宣阳门、西面的玉华门以及北面的拱辰门。其东墙大致在今广安门南、北线阁街偏东的南北线上；南墙在今广安门南鸭子桥东、西的沿线上；西墙则在今广安门外林石桥南北向河流及莲花河的东岸一线上；北墙就在今广安门外大街南侧的东西一线上。

金中都城墙遗址，现丰台区卢沟桥乡界内尚存西、南城墙遗址3处：

凤凰嘴遗址——三路居村凤凰嘴为城西南墙角，墙体残高3m，绵亘约百余米，墙南面的水渠应为金代护城河遗

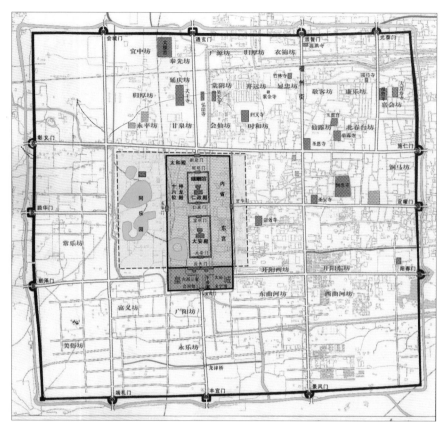

金中都城图

凤凰嘴遗址

万泉寺公园内城墙遗址

高楼村遗址一

迹。此为金中都遗址较大的一处。

万泉寺遗址——明代成村，以多泉而著称。当地老人回忆，村东曾建有三进庙宇一座，现已无存——村西现存金中都南城夯土城垣一段，1984年定为市级文物保护单位。

东管头高楼村有西墙一段。

三处遗址均为夯土墙，为北京市重点保护文物。

2. 水系

金中都城的水系主要可分为三条，第一条水系为都城以内开辟的宫廷苑林用水，也是金中都最重要的水系——莲花池、洗马沟水系。该水系贯穿皇城西部，营建出一个重要的苑林区名为同乐园，又称鱼藻池，也就是金中都城中的太液池；第二条水系即古钓鱼台水系（今玉渊潭一带），这一水系沿用了辽南京时期的护城河水系；第三条水系则引自其北苑大宁宫内的重要水系——高粱河水系，通过引水渠将高粱河水引入北护城河。金中都的护城河与莲花池、洗马沟相连，为城市提供水源，开凿的闸河与北护城河相连，提供漕运。中都城南城墙下设有水关。洗马沟水从南城墙下水关排出城外至护城河。

3. 水关遗址

1990年，在丰台区右安门外玉林小区发现了金中都南城墙水关遗址。所谓水关，就是古代建在城墙下供河水进出的水道建筑。金中都水关遗址平面呈"]["形，南北向，全长43m。水关建筑为木石结构，十分坚固。这处水关遗址是目前发现的我国古代都城水关遗址中规模最大的一个，

高楼村遗址二

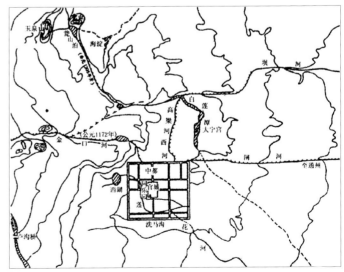

金中都宫苑水系与主要灌溉渠道示意图

金中都水关遗址   辽金城垣博物馆

它不仅确立了金中都南城墙的位置，还通过考古钻探，探明了金中都城内水系向南一支的走向和经南城墙入护城河的准确地点。1995 年 4 月，北京市政府在水关遗址处建成了北京辽金城垣博物馆，用以保护这一遗迹，并通过大量文物、照片介绍了北京的建城史。

4. 鱼藻池遗址

金中都鱼藻池，在宫城御苑内，池上有鱼藻殿，宫城西墙外的西苑（同乐园），是辽南京城城西部的御苑。金时将此与御苑扩展修建，形成一座美丽的园林，且将同乐园东部部分水面，隔入宫城，成为同乐园的园中之园。金中都鱼藻池遗址位于广安门外南端路西，在历代地图上这里标有一个马蹄形的水面，这就是金中都鱼藻池遗址。如今这个马蹄形水面的北半部已被填平，建起了别墅小区，南半部分在新中国早期称为青年湖公园，现在也已经干涸，但仍保留着原来的形状。

金中都鱼藻池遗址一

5. 大安殿遗址

1990 年，西厢工程发现了中都宫城的重要建筑大安殿遗址。遗址在今广安门外滨河南路西侧，经钻探得知面阔为 11 间，与文献记载相符。大安殿是金举行庆典、接受朝贺的地方。2003 年北京纪念建都 850 周年，在大安殿遗址上修筑北京建都纪念阙昭示后人。纪念阙高 12m，主体结

金中都鱼藻池遗址二

北京建都纪念阙

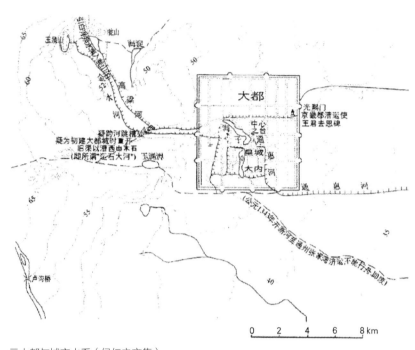

元大都与城市水系（侯仁之文集）

构为青铜材质，由四根方柱撑起整体结构，取"天圆地方，维系中央，四季平安"的寓意。在纪念阙东南西北四个朝向，分别有四个金代文物铜坐龙的仿制品。遍布斑驳的铜锈，透着历史的沧桑感。

1.2.5　元代都城——元大都

公元 1215 年，来自北方的少数民族蒙古人打败女真人占领金中都，并烧毁了这座城市。后来蒙古人建立了元朝，元世祖忽必烈将燕京（原来的金中都）定位全国首都，因原来西湖（莲花池）和洗马沟水量逐渐衰微，而城市人口却不断增加，不足应用，所以重新选址修建新都城，改称为汗八里，也叫大都城。新的大都城选择修建在金中都东北方向的高粱河（今天的长河）水系附近，并将昌平白浮泉水引入大都城，补充水源。元至元十三年（1276 年）元大都建成，与金中都旧城形成南北两城的格局。至元二十二年（1285 年），诏旧城居民迁住新城。在这期间，金中都未被完全废弃，而是以"南城"称之。聚居在南城东北郊的居民也与大都城往来频繁，在大都城的丽正门和中都城的施仁门之间出现一些东北、西南方向的斜街，如杨梅竹斜街、樱桃斜街、棕树斜街、铁树斜街，至今仍存。

1. 城墙及现存遗址

大都是元朝的政治中心。元朝是当时世界上最强大的帝国，元大都也是当时世界上最大的都城。在历代都城设计中，元大都的平面布局最接近儒家所推崇的理想设计方案。设计者刘秉忠（1216 ~ 1274 年）根据《周礼·考工记》中的匠人营国思想，进行了整体规划。大都城呈南北路长的长方形，由大城、皇城、宫城三重套合而成。城的东部有太庙，城的西部有社稷坛，皇城以南有千步廊中书省，以北钟鼓楼附近有市场。

大都城南城墙位于今东、西长安街南侧，修建大都时，庆寿寺正好位于墙基线上，寺内有双塔，所以此段城墙在这里稍向南弯曲，略成弧形，双塔直到解放初期还保存。大都四周共开设城门十一座，东西南三边各三座，北边两座。城门外筑瓮城（元末修建）并造有吊桥，城墙四角建有高大角楼，墙外有等距离的防御设施——马面。据考古勘测，大城周长约 28.6km，面积约 50km^2。墙基厚 24m，高 16m，顶宽 8m，墙体收分较大。

皇城在大都内部中央地区，主要是将宫城、太液池、兴圣宫、隆福宫等包围起来，加筑一道防御的墙垣，周长约 10km，南面中门为棂星门。宫城坐落在全城中央偏南，

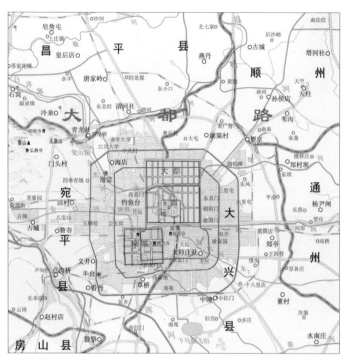

元大都城图

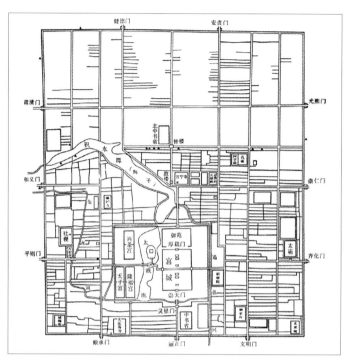

元大都城平面图（来自网络）

元大都城墙遗址

位于皇城东部，呈长方形，周围约4km有余。城墙砖砌，四角设有角楼，上下三层，琉璃瓦覆盖。四边共有六门：南墙三门，东西北各一门。

元大都城墙遗址，位于北京市海淀区和朝阳区，由若干段东西走向的元大都外郭城墙遗址组成。东起北京市土角楼西侧服装学院以东673m处，西至昌平路，全长6730m。元大都始建于1267年（元世祖至元四年），建成于1276年（至元十三年）。因其全部用土夯筑而成，又名土城。现遗址为元大都北城墙，城墙历经700余年风雨侵蚀及人为破坏，至今区域内尚存的遗迹有大小豁口九处。土城遗迹高低不等，东段最高6~7m，西段最低2m；基础宽度不一，约20~26m。元大都城墙的建筑形式、建造方法和周密严谨的规划设计，成为研究元代建筑和元代城市营造工程以及北京城市发展史重要的实物数据。1957年被公布为北京市市级文物古迹保护单位。2006年5月25日，被公布为第六批全国重点文物保护单位。

2. 水系

元大都城内的河湖水系可以分为两个系统，一是由金水河、太液池构成的宫苑用水系统，一是由高粱河、积水潭、通惠河构成的漕运水系统。坝河、通惠河与护城河相连，为大都城提供漕运。特别是通惠河开凿成功后，积水潭成为京杭大运河的北端码头，曾经是舳舻蔽水的盛况。

元大都的水系体现了以琼华岛所在太液池为核心，多条河湖水系环绕都城的生态规划布局理念。高粱河水自西北来，穿积水潭，接通惠河，在城东与大运河相接；金水河引玉泉水在大都城内迂回，形成水绕城、街连水、桥傍柳的人文景观。

3. 古观象台

至元十六年（1279年），天文学家王恂、郭守敬等就在

古观象台遗址

和义门瓮城遗址

建国门观象台北侧建立了一座司天台。这是北京古观象台最早的溯源。明朝建立后，于明正统七年（1442 年）在元大都城墙东南角楼旧址上修建观星台。

4. 和义门瓮城遗址

元代和义门遗址（位于今北京西直门处），城门残存高 22m，门洞长 9.92m、宽 4.62m，内券高 6.68m，外券高 4.56m。是研究元代城市建设的珍贵资料。1969 年拆除北京西直门箭楼时，发现了压在明代箭楼之下的元大都和义门瓮城城门，门洞内有元至正十八年（1358 年）的题记。城楼建筑已被拆去，只余城门墩台和门洞。楼上尚存有向城门上灌水的灭火设备。木门已被拆去，仅余承门轴的半球形铁"鹅台"和门砧石。

5. 城垣水关涵洞遗址

在元大都的东、西垣北段和北垣西段发掘出 3 处水涵洞遗址：北垣西段的元大都水关遗址、东垣北段转角楼涵洞遗址以及西垣北段的学院路水涵洞遗址，这些系向城外泄水的设施。其中，北垣的元大都水关遗址保存最好，位于海淀区，是目前京城唯一保存下来的较完整的元朝城垣水关。

元大都水关遗址

元大都水关遗址涵洞

燕墩遗址

如今的万宁桥依然保持着交通功能

燕墩上清代碑刻

万宁桥下的镇水神兽

6. 燕墩

燕墩又称"烟墩"，是一座上窄下宽、平面呈正方形的墩台，位于北京市东城区永定门外铁路桥南侧，始建于元代。据文献记载，元、明两代北京有五镇之说，南方之镇即为燕墩。因南方在"五行"中属火，故堆烽火台以应之。燕墩上竖有清乾隆皇帝御制碑一座，是北京著名碑刻之一。

7. 澄清上闸（万宁桥）澄清中闸（东不压桥）

万宁桥在地安门以北，始建于元代至元二十二年（1285年），开始为木桥，后改为石桥。万宁桥是由通惠河进入什刹海的门户，所有进入什刹海的漕运船只，都要从万宁桥下通过。它在保证元大都粮食供应上发挥过巨大作用，也是北京漕运历史的实物见证。

澄清中闸遗址

嘉靖年间，又修建了外城，位于今天西南、东南和南二环路沿线位置。原本计划外城环绕内城四周加筑，后来由于财力问题只加筑了南城墙就停工了，于是北京城平面图呈现一个"凸"字形，酷似古代的管帽儿，因此也被戏称为"帽子城"。清代主要对北京城进行了多次修缮，城垣和城门没有很大变化，仅对局部进行了改建和增建。

1. 城墙及现存遗址

明、清北京城分为外城、内城、皇城和宫城四重结构，并以贯穿南北的中轴线对称设计。内城周长45华里，约23.7km，共九座城门，南面三座城门，东、西、北各两座城门；外城周长28华里，约14.4km，开七座城门，东西各有二门，南有三门，内、外城四角分别建有箭楼，各门外建有瓮城。外城城门整体规制比内城小，内、外城四周均有护城河环绕，护城河上有石桥与城内相通。

皇城，位于内城中部，略偏南，除西南部缺少一角外，基本上呈长方形，周长约10.7km，占地面积约7km²。有城门七座：南为大明门（大清门），东转角处为长安左门，西转角处为长安右门，东为东安门，西为西安门，南城墙正中为承天门（天安门），北城墙正中为北安门（地安门）。

宫城，即大内，也就是紫禁城，天子居住的地方，是全城的中心，长方形，周长约3.4km，共四座门，即午门、玄武门、东华门、西华门。城的四角建有四座精巧别致的角楼，城外环绕宽阔的护城河。

明城墙遗址——现存的崇文门至城东南角楼一线的城

澄清中闸是漕船行至运河终点码头什刹海的必经之路，为通惠河北段河道上的重要水工设施。随着明皇城墙外扩，玉河故道失去行船功能，澄清中闸废弃不用，现仅存闸口遗迹。

1.2.6 明、清京师——北京城

明朝建立后，明成祖朱棣将都城迁到北京，这是正式使用北京名称的开始。明代北京城是在元大都城的基础上改建而成的，较元大都稍微向南移动。内城北城墙移动到今安定门、德胜门一线；南城墙则向南移动一里地，位于今天前三门大街一线；东西城墙在今天东、西二环路位置。

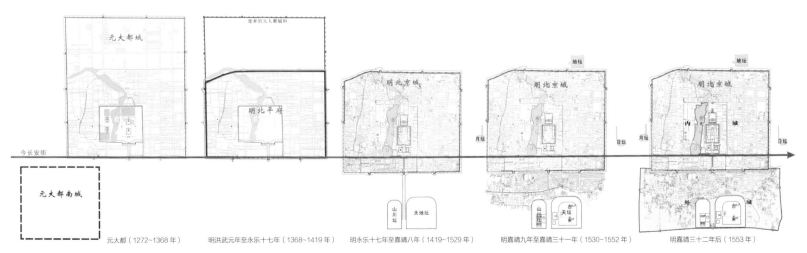

明北京城址变迁图

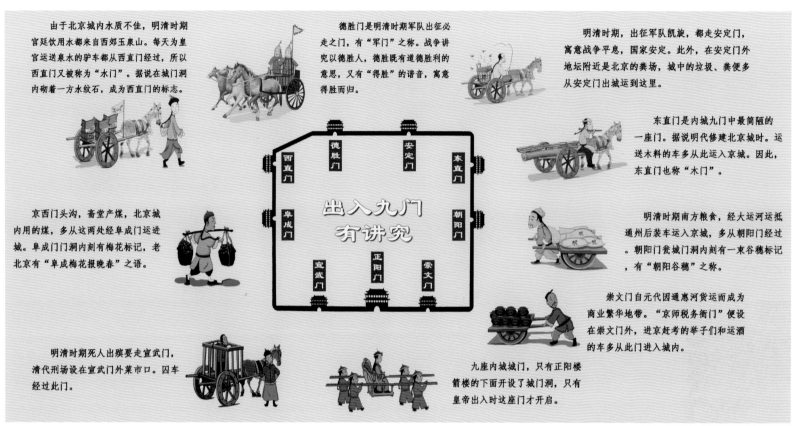

由于北京城内水质不佳，明清时期宫廷饮用水都来自西郊玉泉山。每天为皇宫运送泉水的驴车都从西直门经过，所以西直门又被称为"水门"。据说在城门洞内砌着一方水纹石，成为西直门的标志。

德胜门是明清时期军队出征必走之门，有"军门"之称。战争讲究以德胜人，德胜既有道德胜利的意思，又有"得胜"的谐音，寓意得胜而归。

明清时期，出征军队凯旋，都走安定门，寓意战争平息，国家安定。此外，在安定门外地坛附近是北京的粪场，城中的垃圾、粪便多从安定门出城运到这里。

东直门是内城九门中最简陋的一座门。据说明代修建北京城时，运送木料的车多从此运入京城。因此，东直门也称"木门"。

京西门头沟，斋堂产煤，北京城内用的煤，多从这两处经由阜成门运进城。阜成门洞内刻有梅花标记，老北京有"阜成梅花报晚春"之语。

明清时期南方粮食，经大运河运抵通州后装车运入京城，多从朝阳门经过。朝阳门瓮城门洞内刻有一束谷穗标记，有"朝阳谷穗"之称。

崇文门自元代因通惠河货运成为商业繁华地带。"京师税务衙门"便设在崇文门外，进京赶考的举子们和运酒的车多从此门进入城内。

明清时期死人出殡要走宣武门，清代刑场设在宣武门外菜市口。囚车经过此门。

九座内城城门，只有正阳楼箭楼的下面开设了城门洞，只有皇帝出入时这座门才开启。

内城九座城门

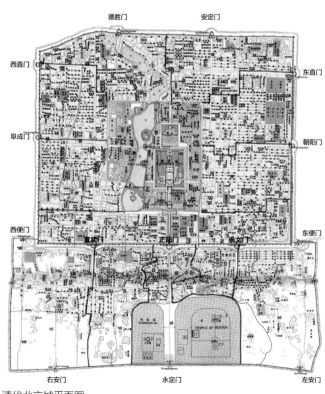

清代北京城平面图

墙遗址全长 1.5km，是原北京内城城垣的组成部分，是仅存的一段，也是北京城的标志。其城东南角楼是全国仅存的规模最大的城垣转角角楼，始建于明代正统元年（公元1436年），是全国重点文物保护单位。

德胜门箭楼——位于内城西北的德胜门，有"兵门"或"军门"一说，为出兵征战之门，寄语于"德胜"二字，现仅保存箭楼一座和两侧部分的瓮城城墙，即便如此，却是目前最恢宏的一段城墙。民国4年（1915年）德胜门瓮城和闸楼被拆除，民国20年（1921年）德胜门城楼被拆除。1993年改为北京市古代钱币展览馆。

皇城根遗址——20世纪20年代中期，皇城墙被陆续拆毁，至今只留下南面的一段，即天安门城楼东侧至南河沿大街路口、西侧至府右街路口一线矗立着的"天安门红墙"，其他三面的皇城墙和三个门都已无存。但北京市在西皇城根进行市政施工时，挖出了当年城墙的基址；而在修建皇城根遗址公园时，也在东安门原址处挖出了旧的基址。

明城墙遗址一

皇城根遗址

明城墙遗址二

东安门遗址

德胜门箭楼楼下古代钱币展览馆，楼上为军事城防文化展

正阳门城楼、箭楼——位于内城南垣正中的正阳门，是九门中地位最高的一门，也是保存最为完好的一座，不仅保留箭楼，就连木制城楼都得以留存。目前的正阳门是民国3年（1914年）改建的。1915年为改善内、外城交通，政府委托德国人罗思凯格尔改建正阳门箭楼，添建水泥平座护栏和箭窗的弧形遮檐，月墙断面增添西洋图案花饰。

永定门——是明清北京外城城墙的正门，位于北京中轴线上，是北京外城城门中最大的一座，也是从南部出入京城的通衢要道。1957年，以妨碍交通和已是危楼为名，永定门城楼和箭楼遭到拆毁，2004年北京永定门城楼的复建，成为北京城第一座复建的城门。

2. 水系

与元代相比，明代的水系发生了较为明显的变化。外城墙的移动与皇城的改建对河道造成的影响最为严重，原来绕经皇城东北和正东面的运河由城外变成了城内，不再允许粮船通行。金水河亦被废弃，太液池的专用补水河道也就不复存在。同时明代在太液池中加凿南海，北海、中海、南海的三海之势从此形成。北海分流之水，绕经景山之西，注入紫禁城的护城河，并从护城河的西北隅引入紫禁城，沿西墙而南，出太和门之前，转入护城河东南隅，形成内金水河；从南海分流出来的水，经过社稷坛与天安门前，在御河桥附近注入运河，形成外金水河。不仅如此，太液池与元代城郊河道高粱河合二为一，成为明代北京城的宫苑用水来源。由于水源不足，到了明代通惠河出现枯竭，不能行舟，漕运问题日益明显。

　　清代，北京的城市水系大部分沿用了明代的遗留，但也对其中的一些河道进行过疏浚，只是疏浚重点不在城内，而在城郊。其主要贡献是治理了常年泛滥的永定河、疏浚了西山水源、修整了西郊园林。清政府将太液池附近的大片土地改为居住用地，填湖修建建筑以解决人口增加和城市用地不足的问题。什刹海水域面积和水量不断减少。同时，清代皇帝居住和处理朝政开始向皇家园林转移，就不断对西郊进行大规模的开发建设，形成了举世瞩目的三山五园风景区，即香山的静宜园、玉泉山的静明园、万寿山的清漪园及附近的畅春园和圆明园。这里不仅是清帝居住和游憩所在，也是理政的场所。香山和玉泉山的泉水不仅美化了静宜园和静明园本身，也为清漪园提供了充足的水源。昆明湖水由南端的绣漪桥流出，从长河流经今紫竹院、动物园，在高粱桥下往东部分汇入护城河，部分流向积水潭。圆明园和畅春园的水则主要来自万泉河及自身的泉水。

正阳门城楼

正阳门箭楼

复建后的永定门城楼

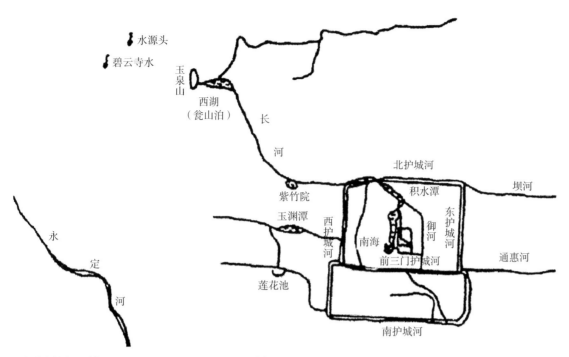

明代北京城水系（《北京城市变迁与水资源开发的关系》）

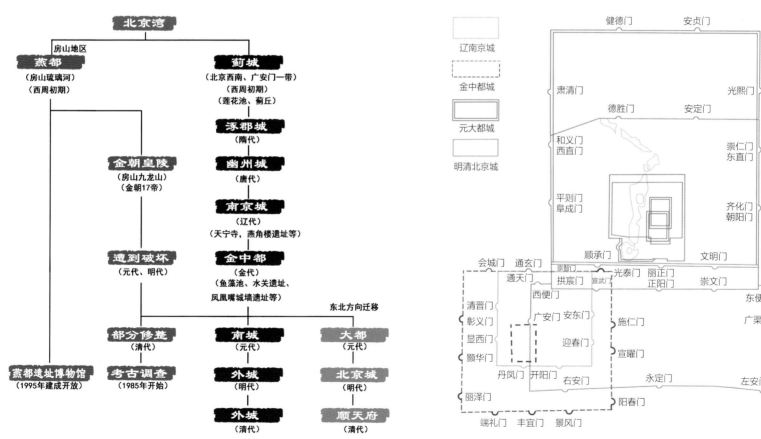

北京城历史变迁图解

辽金元明清城墙位置变迁图

第二章　北京历史文化景观的特殊性

谈到北京历史文化的特点，首先离不开整个中华民族整体的历史发展，同时由于它所处的特定的地理环境和历史条件，使得它又有自己的特殊性。北京的历史文化景观是指北京这座历史文化名城范围内的区域特性的典型体现。我国历史文化名城保护目的就是保护一种被认为有特殊价值的城市历史文化景观，而对于北京来说，这种具有特殊价值的历史文化景观大部分留存于北京旧城内，它是北京历史文化发展的一个最重要的源泉。

2.1 北京历史文化景观的形成

从前面介绍的北京城历史发展过程可以看出，北京历史文化景观源远流长，有历史发展连贯和整体地位不断递升的特点，它从小国中心，到北方重镇，然后上升为陪都，再到北半个中国的都城，最后到全国的政治中心。在持续稳步提升中，形成了丰富的北京历史文化内涵，先后被称为蓟城、燕都、燕京、南京、中都、大都、北平、顺天府，各种形态的水系、城池、宫殿、苑囿、轴线、街巷、胡同等等……形成了无数的历史印记，这些历史文化印记，多数留存在北京旧城。北京旧城是指 1949 年以前的北京城，是在元大都基础上，历经元、明、清三朝 800 余年的都城建设，而逐渐形成了一个平面显"凸"字形的地区，面积约 62.5km²，它被誉为"中国古代都城建设的最后的结晶"，更是"世界都市计划的无比杰作"。

2.2 北京历史文化景观的表达

从历史发展来看，北京的城市景观一方面非常重视对历史基底的传承、保护和利用，另一方面也不排斥和吸纳外来的优秀文化。城市的历史文化景观代表着一个城市的历史年轮，也表达着一个城市的文明底蕴和文化深度。说到北京城的历史文化景观，必然要提到两位大师：一位是"古都卫士"梁思成先生，他认为"北京旧城是保留着中国古代规划，具有都市计划传统的完整艺术实物"，必须进行整体保护，高瞻远瞩地提出了"保护历史城市，另辟新区扩建"的梁陈方案，可惜未被采纳；另一位是被誉为"北京史巨擘"的侯仁之先生，他开创了中国现代历史地理学，从河湖水系和地理环境入手，全面而系统地揭示了北京城的起源、形成、发展、城址迁移的全过程，耗尽一生心血，寻找这座城市遗留下来的各种历史文化的生命印记。总的来讲，北京的历史文化景观可以从时间、空间和文化上三方面来表达。

2.2.1 时间发展

北京从古至今的历史概貌，按时间阶段，从远古时期至新中国成立这一漫长的岁月中，通常被分为四个阶段：

第一阶段是出现古代人类活动到城市起源，蓟、燕分封；

第二阶段是秦汉至唐代的北方重镇、贸易枢纽；

第三阶段是自辽以后至民国，成长为全国的政治、经济、文化中心；

第四阶段是新中国成立至今。

作为六朝古都的北京城，每个时期、每个阶段都留存有遗址、遗迹，特别是第三阶段中的辽、金、元、明、清最为重要，其中按每个朝代划分都具有鲜明特色和风格，都有不同的历史文化景观，可供我们去深入研究和表达。

一个城市、两种文化

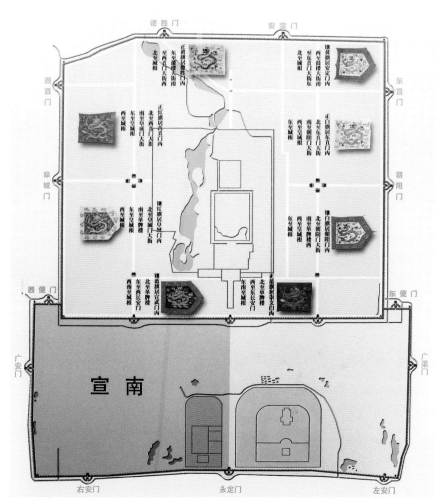

北京城清代"旗民分治"八旗驻防图

2.2.2 空间形态

北京旧城最大的特点就是拥有庄严有序而雄伟壮观的空间格局和风貌,从整体的空间形态上考虑,北京的历史文化景观具体体现在河湖水系、传统中轴线、皇城、旧城"凸"字形城廓,道路及街巷、胡同等多个层面,每个层面以及各个类型都承载了深厚的历史文化,见证了众多的历史事件,是北京地域文化的典型代表。

2.2.3 文化特征

北京城既是建筑之城,又是文化之城,具有强烈的文化中心意识,北京经历了从原始聚落到王朝都城的历史进程,在地位不断攀升中,也融合了多民族和多元文化,造就了北京城独有两大文化类型共存的个性特征:既有红墙黄瓦的以皇城宫府所代表的庄严大气、博大深厚的皇家文化,又有青砖灰瓦的以胡同、四合院为代表的京味民俗文化。特别是清代入关后"旗民分治",把北京城的市民安置于南城(即外城),内城归旗人居住,更加深了这种"一个城市、两种文化"的独特现象,一直影响至今,表达出了一种既雍容华贵又质诚纯朴的文化习俗和风土人情。

第三章　北京城市历史地段的重要性

北京城市历史地段，是指包含了这座城市历史特色和景观意向的地区，是北京城市历史"活的见证"。古希腊哲学家亚里士多德曾给城市以这样的描述：城市是为人而生的，"人们为了活着而聚集于城市，为了生活得更美好而居留于城市"。应该说，现在我们所遇到的历史文化与现代生活的矛盾，正是经济发展与文化价值的矛盾，历代城市建设的遗址不断受到现代城市化过程的冲击与威胁，到现在只剩下弥足珍贵的少量遗存。而这些包含了遗迹、遗存的历史地段，往往正是每个城市特色景观最典型的代表，我们在设计时必须遵循它的基本特征和构成元素，使得这些城市中具有历史意义的区域得以延续和保留。同时，历史地段景观的保护与利用，也是避免现代城市建设"千城一面"的重要手段。

3.1 城市空间的异化

毋庸讳言，北京城在20世纪50年代以前的历代变迁中，基本是表现了一种缓慢的沉淀与变化，城市更替中都维持了一种相对宜人的尺度和文脉，能够使人感受到相对确定的内在秩序。这种内在秩序与联系使尺度空间保持比较一致的适宜性。

随着时间的推移，那些往昔模糊不堪、依稀可辨的遗迹，被更迭的时代凌乱地叠加了一层层粗糙的印记，最近几十年混乱无序的城市化进程切断了从容有序的历史传承。进入现代社会，特别是改革开放以来，随着经济的持续快速增长，表面上看是生活变好了，房子变新了，但也使我们的公共环境资源受到了很大的破坏，大量的文化资产在无形中流失。我们注意到，有这样一种现象，就是那些盛

极一时、最有价值，曾经见证了城市历史发展的重要地段，往往是现在城市中最荒废和衰落的区域。对这类地区的改造，应该是以全新的城市功能替换这些衰败的空间，使之重新焕发出活力。我们的责任就是让我们的城市更有文化，让文化更有价值，使生活在这样有历史厚重感的土地上的人们，重新获得那些属于自己的幸福感和自豪感。

3.2 历史地段的消失

随着经济的发展，城市人口的迅速增加，城市中旧的区域和地段普遍出现了功能和结构性衰退。同时新城区不断膨胀，像金融街、东方广场这类大规模成片成区的建设，都叠加在旧城之上，许多历史遗迹在这些"旧城改造"的名义下被夷为平地，人们发现在享受现代生活带来的便捷与繁荣的同时，自己又在这个不断异化的现代城市中遗失了方向，割断了与过去的联系，失去了从前的记忆，变得陌生而疏远。

而现代的城市发展，超出了正常的限度，呈前所未有的速度扩张，无情地摆脱了原有城市的结构和文脉的束缚，出现了这样的怪现象：一方面由于城市畸形发展的压力，迫使人们必须关注交通和基础设施，而使建筑与街道原本良好的关系丧失。典型案例是平安大街的改造拓宽，拆除了9900多间民房，涉及30余处文物建筑，宽阔的大马路虽然疏解了交通，却使这片自元代开始保存完好的人文气息浓厚的历史街区彻底消失，得不偿失；另一方面，建筑过度强调自身的重要性，追求怪异和高度，不再寻求彼此之间的协调联系，这样造成城市结构趋向巨型化、高速化和同质化，最终导致了城市空间的非人性化，这几年像国

拓宽后的平安大街完全破坏了古城肌理

传统与现代并存的北京

家大剧院、中央电视台等奇异的"庞然大物"，这种非人性的"异化"个体，越来越多地出现在北京这座历史文化名城当中。

3.3 城市记忆的保留

　　城市中大量出现的广场、景观大道、亮丽工程等等，严重导致了历史地段场所性和认同感的丧失。因此，我们设计的目的，既不是将该地段推倒重来，也不是将其作为古董保存，"整合"的观点为解决这些矛盾提供了有益的思路，强调对城市历史地段内人类生存环境中的物质空间形态、空间内容的整合设计，力图使历史地段景观成为具有城市特色的重要标志。

　　保留北京城独特的历史记忆，至少需要从以下三个方面考虑：

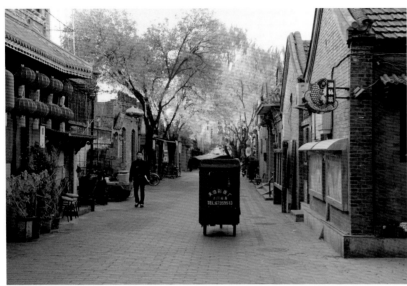

胡同空间肌理与原有文化习俗

3.3.1 历史形态的连续性

我们的设计，表面上呈现出的是在历史地段原有风貌基础上的风格式样的延续性，而内在则是通过各种手法将历史信息连接起来，这两个方面都有相同的文化渊源，都是对原有地段形态和文脉在某种程度上的梳理和继承。设计时除了保证历史风格的延续外，还要注重对历史地段的尺度、形式、布局等历史形态的延续，以保证历史地段整体风格的完整性和连续性。

3.3.2 空间肌理的连续性

对历史地段各要素之间肌理和空间格局的保护，使原有的重要标志物、节点、道路等得以延续，维系历史空间之间相互协调的依附关系。不同类型的历史地段具有不同

的空间形态：城市古老中心区的空间具有强烈的序列感，生活类型是具有线性而复杂多变的街巷空间，而文物类的是点式空间等。我们的设计是保持原有空间及地段肌理的连续性，是对原有地段肌理在某种程度上的重复及继承，是在地段原有空间的基础上进行空间整合。

3.3.3 文化传统的连续性

生活在历史地段里的人们原有的生活方式、价值观念、文化习俗等共同构成了历史地段的特点，这种真实的生活方式和传统心理也应受到尊重和保护。目前过度的商业活动以及"时尚"气氛的渲染导致城市过度商业化，过重的商业气息，严重侵蚀了历史地段原有的文化历史气氛，所以在历史地段所展开的经济活动和社会活动必须与地段的实体环境和文化相适应。

第四章　遗址与遗址公园

对于发掘出的北京古城遗址和遗迹，一定要将它们作为不可移动的有形物质和具有价值的文化遗产来对待，虽然它们最初的功能已经丧失，但它们的存在，清晰地记录和深刻地反映了某一阶段历史的痕迹，大量的国内外实践证明，保护和利用的最好方法，就是建设遗址公园。

遗址公园是一种特殊的公园类型，它既不同于文物保护区，也不同于城市主题公园，它是以保护遗址本体和遗迹所处自然、人文与环境为目的，充分利用其"显在"和"潜在"的文化内涵价值而建造的具有特定文化意境的公共开放绿地。由于每个遗址或遗迹都代表了特定历史时期的社会状况，因此，对这一类型公园进行设计时，需要合理地运用园林的理法和技法，协调文物考古、市政设施、公共

安全、文化艺术、水利交通等许多部门的功能及其相关规定，对建设遗址、生活遗迹以及文化遗存进行科学、合理和艺术的整合，最终达到保护、修复、展示、利用历史文化的目标，以利于它的再生，也可以为现代人提供在游览休憩场所中重温历史文化的最大便利。

4.1　国外遗址开发、保护和利用

4.1.1　亚洲国家

亚洲国家对遗址的开发与保护经验，主要为博物馆模式，通过成立控股公司来开发利用和保护文化遗产。

日本的平城宫遗迹主要采用了下列几种展示形式：

亚洲国家的遗址开发保护经验　　　　　　　　　　　　　　　　　　　　　　　表 4.1-1

国家	开发与保护经验		代表性景区
日本	大遗址	复原设计和"重建"手段"再现"历史场景	国立飞鸟历史公园、国立吉野历史公园
		厚土覆盖遗迹后，原址原大模型复原展示	吉野里、板付遗址
		遗址薄薄覆土保护以后，地表模拟恢复出遗迹	佐贺县太宰府遗址
		异地复原展示	丸山遗址
	古代都城遗址	没有被现代城市叠压的采用遗址公园模式	平城宫遗址
		采用保护与城市建设协调共进、逐步复原保护的模式	京都平安京遗址
	历史文化散步道		东京共计建设了总长达一百多公里的历史文化散步道，构成一个完整的历史文化保护网络系统
韩国	历史文化区		武宁王陵、韩国东南部庆尚北道庆州市

朱雀门

东院园林

造酒司的水井遗迹

（1）原貌复原展示。对已经发掘完毕和研究清楚的遗迹，采用将原址抬高重建的展示办法。如朱雀门、东院园林和杨梅宫，均是采用此种形式。

（2）遗址揭露展示。在发掘完毕的遗迹之上盖保护房，让发掘现场直接暴露给观众。如第一次大极殿，造酒司的水井遗迹都是采用此种形式。

（3）台基复原展示。对地下遗址已发掘完毕和研究清楚，地上结构尚无定论的遗迹，采用了台基复原展示的方法，即将原址掩埋，抬高 1m 后，重新恢复该台基，台阶、柱础，均按原状重建，一旦地下建筑部分研究结束，做出图纸，即可在原址复原重新修建，如第二次大极殿及其周边围廊等。

（4）植物标示展示。对已发掘清楚、建筑规模不大且近期不计划复原重建的遗址，采用原址抬高 1m，在柱础位置栽植小叶黄杨修剪成圆柱形，表示立柱和建筑物的规模的方法展示，如天皇居所内里等采用此种办法。

（5）柱墙模拟展示。在发掘完毕的遗址上，抬高后在其上用水泥仿建高 1m 的立柱、墙壁，来模拟展示原建筑群的规模，如兵部省遗迹的展示。

（6）堆土标示展示。即在发掘完毕的遗址上直接将堆土抬高，表示该遗址的平面位置和规模。如朝堂院遗址的展示。

天皇居所内黄杨标示遗址展示

（7）模型复原展示。此方法是平城宫遗迹展示中的较多的一种，但多需在室内，如在第一次大极殿保护房内，在揭露展示的遗址保护房内，用 1 : 100 缩小的模型来表现该大极殿的布局和规模，一目了然，在平城宫资料馆、奈良市世界遗产展馆均可见到多个模型展示。

4.1.2 欧洲国家

欧洲作为近代考古学的发源地，早在 19 世纪初就已开始研究如何将遗址的保护、展示与美化城市相结合。欧洲遗址公园主要包括两种形式，即园林式和博物馆式：

园林式遗址是强调观赏性的遗址公园，将遗址公园归为城市绿地系统的一部分，运用植物造景等方式再现遗址格局。这一模式的代表有：德国法兰克福的城墙遗址公园。通过建设具有高大树木和开阔草坪的公共绿地以及完善的道路系统将现代城市建筑隔离在保护范围之外，使城墙遗址区域内的历史环境风貌得到有效的保护。明斯特城墙遗址公园强调了遗址整体保护利用的重要性，该公园在几乎完全毁坏的城墙范围内，结合残存遗址、借助植物造景以及现代的休闲娱乐设施的配置建成了环城的带状公园，在保护标识城墙遗址的同时，有效地展示出古代城市的宏伟规模，还满足了市民对公共休闲场所的需求。

意大利的费拉拉城墙遗址公园对遗存的城墙实体以及周边的环境风貌进行了严格的保护，并结合现代园林手法营造出幽静的园林氛围。费拉拉案例是"扩散"形态复原

朝堂院堆土标示展示

理论的原型之一：城墙、历史建筑和环境不再被看作一个个孤立的元素。城墙作为将历史中心和周边环境联系起来的核心要素，它创造的城市公园恢复了城市和河流与三角洲绿地之间的共生性。

遗址博物馆是对遗址所包含的传统文化和历史活动的集中展示形式，突出的是观者的内心感知以及普遍的参与性。罗达遗址公园（英国）是这一形式的典型代表。罗达遗址公园以保护历史遗址为主旨，并通过巧妙地展示遗址传递出有关生命演化的进程信息，特别是"煤"这一当地特产的形成过程。这些历史信息正是通过设计出的不同主题展示及活动区域传达给游人的。例如，工业主题区域展示的是煤炭的形成以及能量循环的过程。罗达遗址公园的另

意大利费拉拉遗址公园

一大显著特点是借助现代科学技术（灯光、音乐等）营造出了一种虚幻的动态历史环境氛围，使历史的变迁直观地展现在游客面前，具有极好的感染力。

4.1.3 美国

由于美国是新兴国家，相对于欧洲各国历史较短，文化根基薄弱，但是他们对本国遗产的保护却十分重视。20世纪初，美国颁布了一系列的法律法规来完善对历史遗产的保护：1906年通过《古迹法》，授权总统以文告形式设立国家遗址；1935年和1936年分别通过了《历史遗址法》和《公园、风景路和休闲地法》；1960年制定了《文物保护法》。

在美国，遗址公园建设主要采取遗址区和绿色廊道相结合的模式，通过遗产廊道的保护方式对遗址区域进行整体保护。遗产廊道空间内包括各种不同的遗产，它以保护文化遗产为首要目的，同时强调了经济价值与自然生态系统的平衡能力；遗产廊道不只保护了线形遗址带，并且借助合理的生态恢复措施及旅游开发手段，恢复和保护了区域内的生态环境，使原本孤立的点状遗址焕发新的活力，成为公众生活的一部分，为公众提供了休闲、游憩、教育等功能的生态场所。

自1984年第一条国家遗产廊道——伊利诺伊州和密歇根州运河国家遗产廊道建立至今，美国拥有的49个国家遗

欧洲与美国的遗址开发保护经验 表 4.1-2

国家	开发与保护经验		代表性景区或活动
德国	遗址公园与博物馆模式		明斯特的城墙、柏林的夏洛滕堡宫博物馆
法国	遗产保护打造文化品牌 建立介于人文科学和传统自然科学之间的新兴应用科学：遗产保护学科		法国"文化遗产日"
意大利	强调故事性与观赏性	遗址公园模式	费拉拉、古罗马城
		成片组织的遗址保护的模式	罗马帝国大道
		整体保护遗址模式	庞贝遗址
			"文化与遗产周"活动
英国	世界遗产保护利用与社区发展互动		世界遗产保护利用与社区发展互动
美国	遗产廊道		新墨西哥州查科峡谷内的印第安人部落遗址

加拿大阿堤勒利公园

产区域中共包括 8 条国家遗产廊道。伊利运河是第一条连接美国东海岸与西部内陆的快速运输通道，作为美国历史上最重要的人工水道之一，伊利运河国家遗产廊道于 2000 年正式获得认证。

4.1.4　加拿大

北美洲的加拿大，遗址公园的整体规划布局采用城市文化斑块构成模式。该模式以遗址公园为历史文化辐射中心，向其周边传播精神文化。城市文化格局通过遗址公园的整体规划布局来构建，突出城市文化氛围。

阿堤勒利公园 (Artillery Park)，又名古炮台公园，就是这一模式的经典之作。阿堤勒利公园始建于殖民地时期，是加拿大一处重要的国家历史遗址，里面有许多重要的兵营和军用贮藏库。这里曾是魁北克城防御体系的重要组成部分。该公园拥有 3 处别具特色的历史建筑：建于 1712 年的王妃城堡、1818 年的机关总部和 1903 年的兵工厂。作为魁北克成的历史文化辐射中心，在这里可以身临其境地体验丰富的遗址历史和文化。

4.2　遗址与公园的关系

城市遗址公园，作为最近几十年来出现的新的公园类型，我认为我们把握住了建设的基本主流——保护基础上的利用，保护是为了更好地利用。也就是说，使历史的遗存在新的时代获得重生，把"死"文物变成"活"宝贝。

园林和遗址的结合，或者说用园林来保护古城的遗址，无论从任何层面和角度考量，都不失为延续传统文化和表现民族特色的最佳办法。

对遗址公园的认识首先应理清"遗址"和"公园"的关系，需要明确"遗址"是核心内容和本质特色，而公园是整合与再生的形式手段，二者主次分明，统一为一个整体。遗址是不能与所见证的其历史兴衰的环境相分离；而公园作为遗址的外环境，只能是与"遗址"相互依存、相辅相成、相互辉映的，它包含了山形水系、景观建筑、服务设施、植物配植、文化小品等，不但为遗址构建了安全、舒适、大气、疏朗的保护空间，还需要具有利于科学保护遗址的管理空间，同时还是遗址或遗迹本体文化得以外延的环境空间。只有这两者高度地有机融合，才能更好地表现遗址的文化内涵，增加对公众的吸引力，也更适于现代人们参观游览和休闲。

4.3　遗址公园的分类

依据所依托的遗址、遗迹的形式及对遗址、遗迹保护与利用的方法可划分为三种形式：

4.3.1　地面以上遗址

这种类型遗址存在于底层表面以上，直观可见，经过保护可以露天展示，有文献记载，有形象，易感知，以展示遗址本体景观和文化为主。依据遗址状况，既可以保持遗址原貌，改善周边环境；也可以利用可逆性材料，在保护原真性的前提条件下，对遗址进行维护、加固或修复等措施。如元大都遗址公园、明城墙遗址公园等。

4.3.2 地面以下遗址

地上部分遗址已经损毁消失，仅留存地下部分，多为城市建设中已被掩埋的旧城址，经过考古发掘后可以局部露天展示，有文献记载，比较难感知，设计时往往利用现代手段通过地下保护、地面展示，地面展示借助建筑物、人工构筑物、植物等辅助再现遗址或布局。如皇城根遗址公园内的东安门遗址。

4.3.3 依托遗址文化

遗址实体全部消失，在遗址地域以及其文化内涵为主旨进行恢复重建。由于仅有文献记载，无任何遗迹，无遗址保护功能，无感知无体验，给设计师留下较大的发挥空间，不用考虑文物保护，以恢复遗址场景、营造历史环境风貌、展示文化内涵为特色，类似于主题公园。如金中都公园。

4.4 保护与利用的关系

时代在变迁，无论是历史与自然环境，还是社会与经济环境都必然发生巨大的变化。遗址公园也同样不可能是"冰冻式园林"，完全僵化地固守在一个封闭的空间里。如何科学保护和传承利用，始终存在着矛盾。我们工作的关键，是在保护遗址与满足社会和公众需求之间找到恰当的结合点。大家都在遵循"保护第一"的原则，不过在实践中把握的尺度却有所不同。文物部门的态度是"严防死守"，尽量少动或最好不动，目前执行的相关法规也都是从保护方面制定的，很少涉及利用。因此，如何科学合理地利用这些"特殊的文物"，确实是一个非常具有挑战性的难点。通过多年的设计和建设实践，我认为：保护的最终目的是为了利用。这些位于城市公共空间中的历史遗址或遗迹，应该得到现代社会更加合理和科学的"礼遇"，而绝不能使它们永远成为"僵尸文物"。这样的历史机遇和责任，正好摆在现代设计师们的面前，对此，我们应当乐为承担。

实际上，建设遗址公园，就是保护和利用结合得比较好的一种模式，我们需要将荒废的遗址做深入细致的研究，基于现实的可行性，做重新的修护与利用，通过环境整合，使文化遗址、生态环境、社会功能三者结合，使遗址得以再生，获得"第二次生命"。

4.5 遗址公园的景观评价

遗址公园的景观资源和系统，基本上由三类组成，因此评价一个遗址公园设计的好坏，也主要从三个方面衡量：

4.5.1 遗址景观

遗址公园的核心是遗址本体的质量保存，应该说越完整质量越高，所建设遗址公园的形象就越清晰和越有震撼力。北京的城市遗址多以土质和砖砌形式为主，与西方的石质为主不同，经过长年的自然侵蚀和人为破坏，遗存的普遍状况较差，只有通过保护与展示利用的设计方法，才能让普通民众观赏出它的价值和艺术美，这就需要设计师通过提炼加工来弥补遗址形象上的不足。

4.5.2 文化景观

包含两部分内容，一是遗址本体的文化内涵是否具有独特性和影响性；二是衍生出的文化景观是否与前者相互融合，协调统一。在实践中，这一层次的设计是最有特色和最重要的，也是最难的部分。

4.5.3 自然景观

主要由地形、水体和植物组成。其中利用植物围合以及植物的合理搭配，给遗址和环境创造出合理、静谧的环境。运用与遗址相吻合的手法和配植，衬托出遗址古朴沧桑的环境氛围，同时利用四季植物景观的交替，为游人提供舒适的活动场所。

4.6 遗址公园的设计方法

遗址公园是一种约束性很强的设计类型，必须首先明确遗址是作为某个特定历史时期或事件的物质载体，具有不可再生、不可替代性，它的本体不属于我们和我们所处的这个时代，所以不能简单地以我们个人的好恶来处理对待。我们应以一种更谦逊、更虚心的态度，放弃简单追求标新立异或因循常规的设计思路，潜心解读遗址本体传递出来的各种历史及文化信息，认真研究它们与现代环境的有机融合，科学处理这些遗址与现代学科的复杂关系，使遗址与公园构成的整体环境，既不违背历史的真实，又能最大限度地为时代和市民服务，散发独特的文化信息，发挥独特的生态效益。

在多年的实践中，我们设计并完成了北京皇城根遗址公园、元大都城垣遗址公园和圆明园遗址公园等多项工程，通过理论结合实际，取得了许多宝贵的经验。我们所设计的遗址公园分为两类：

4.6.1 整个公园都是遗址

如圆明园遗址公园，这类公园的建设，需要严格地以史料记载为前提，以考古发掘为依据。保护或恢复原状，不能随意添加新的东西。一直以来，圆明园遗址公园，都是作为整体保护的重要案例，它具有繁多历史信息叠加的重要特点，不同社会层面的多角度解读，给相关设计者带来了巨大的难度。首先，它的历史并不久远，地位又极其显赫，这座清代帝王园居游憩之地，不仅见证了"康乾盛世"的繁华，也记录了世界上最野蛮的历史事件。对于圆明园的重建，"废墟派"和"复建派"已经争论了 30 多年，是重现昔日辉煌，还是定格在被焚毁的那一时刻，还是恢复几个景区与西洋楼的残墙断柱，形成了强烈的对比教育模式等等，相信这些见解还会长期争执下去。

虽然对建筑遗址的态度无法统一，但对其所处的山形水系及植物景观以符合历史真实的原貌做恢复性建设，则是大家的共识。环境景观的恢复，最直接的意义是还给人们一个真实的历史空间，置身其中可以体会到曾经登峰造极的园林艺术，对比圆明园巨大数量的建筑遗址，其山水空间和植物特色也同样重要。

通过考察我们看到，圆明园现在作为遗址公园，但其历史初始功能也是游憩。而这一功能在当今现实中是完全可以得到延续的，这与其他遗址如陵园、宫殿不同（它们的历史功能都需要适当转换）是有着明显不同的，其中最大的不同是从过去服务于帝王变成了当下服务于大众。因此，强调它的利用，强调其空间的阅读性，强调这一"活的记忆"，应该具有更多合理性和科学性。另外，从相继发生在这里的鼎盛与不幸的基础上去思考，也会在爱国主义教育、昔日辉煌和大众休闲之间找到最恰当的定位。

2008 年恢复的圆明园九州景区

4.6.2 遗址只作为核心形象和文化特色

本书所列举的案例、都是这一类的文化型遗址公园，在这里遗址只是作为公园的一部分，同时还要承担历史文化展示、满足现代大众休闲和城市景观风貌的功能。至少兼顾这三个方面，才能具有完整的功能。我们2001年设计的皇城根遗址公园和2003年设计的元大都遗址公园，涉及的是局部展示性保护的范例，依托遗址形成了带状公园，突出植物绿化，穿插水景广场、艺术小品，既体现了城墙遗址的历史文化主题，又是满足社会与大众休闲的综合公园。

从目前来看，我们国家遗址公园的建设还处在探索阶段，这与我们所具有的悠久历史和现代文明是极不相称的。对此，我们应该能够认识历史文化的深度，站在现代科学的高度，与相关更多学科协同思考，重新认识这些"特殊的文物"，通过对他们的合理保护和科学利用，建立起现代与历史延续的记忆空间。设计者应懂得"为了遗址，学会放弃"，而文物部门应"为了大众，学会接纳"，这样才能找到和谐与可持续的平衡点。

4.7 北京城墙遗址公园的基本特点

城墙遗址一般最能体现带状公园特点，以点串线，连线成带，集带成面，形成横向用绿色生态串联起古老历史的节点，纵向向城市渗透，将文化与活力传递到周边区域，形成文脉、水脉、绿脉相融共生，最终实现城市空间形态的转换。

4.7.1 建设特色

1. 先行示范的特色

北京城墙遗址公园的建设不仅在全国处于领先和带动作用，而且正是由于皇城根和菖蒲河公园的建设，催生了北京古城保护相关政策法规的出台，为古城的保护利用和有机更新起到了示范作用。

2002年，北京市文物局首席研究员王世仁发表了对菖蒲河公园建设的评论：

"菖蒲河公园建设的意义首先是保护了古都风貌，保护了重要历史地段。菖蒲河公园的建设与南池子的危改相结合，与普渡寺连成了一片。北京市20世纪90年代就提出了保护历史文物名城和25片保护地段，12年来，真正踢出第一脚的是这里"。

2. 联合协作的特色

行政区划的协作、相关专业的协作（水务、文物、艺术、市政等专业）。由于城墙遗址的特殊性，常常横跨多个行政区域。在建设实施中，我们所接触的各个部门都能够从大局和整体出发，打破区域界限。如元大都城垣遗址公园（朝阳区、海淀区）、北二环德胜公园城市公园（西城区、东城区）通过协作使整个公园在风格特色上协调统一、保持一致。

3. 尊重遗址的特色

充分体现尊重和保护遗址，坚持考古先行的原则，强调文物保护，在全面评估遗址现状、认定遗址价值的基础上，制定保护方案；进而推进遗址内涵的研究发掘和其价

海淀区与朝阳区联合协作同时建设元大都城垣遗址公园

值的阐释，再将成果转化为面向大众的遗址文化，展现古城特色。

4.7.2　共性分析

城墙遗址公园的一个共同之处，在于它们大多具有双重文化主题，核心主题是遗址本体的文化，衍生主题是依托遗址延续出来的、可以被新时代永续利用的、有潜在价值的文化。

1. 线性空间

城墙作为一种特殊的建筑形式，具有典型的线性和较均匀的阵列单元特征，所以以城墙为特征的遗址公园，大都表现了狭长带状和序列感强的空间特色。利用这一线性空间，布置体现城墙遗址固有的形态和本体的文化信息。增加利于解读其历史内涵、衬托遗址形象的带状序列文化主题。

2. 绿色串联

古代城墙遗址与现代行政区划的不对应，造成现代遗址公园往往需要纵横串联多个历史街区和不同的功能区域；虽然城墙遗址地面部分受历史割裂的程度不同，但长期闲置而自然形成的植被覆盖，也客观形成了一定生态功能和植物景观特色。通过植物造景，形成生物多样性，营造现代园林的景观空间。

3. 融入生活

在突出城墙遗址本体文化和景观特色的前提下，我们参与设计建设的项目，基本都实现了历史文化景观和现代城市园林的有机融合，它们作为现代城市的重要组成部分，日益发挥着独特的生态效益和文化功能，它们的重生体现了现代城市和百姓生活的有机融合，以及作为城市开放空间与周边关系的协调示范。

4.8　北京水系遗址公园的基本特点

北京的河湖水系历史悠久，每个时期的古城建设都与城市水系密切相关，并留下了大量文化遗产和古河道文化。通过水系遗址公园的建立，不仅可以发掘各个时期河道水系的历史与文化特色，同时，通过水的生态综合治理，保护和恢复历史水系，涵养水源，维持区域的水资源循环，还可以丰富动植物群落，体现整个区域的生物多样性。结合城市开放空间和城市游憩功能的需求，可以形成具有城市特色的滨水公共活动空间。与城墙遗址公园相比较，水系遗址公园更加自然和生态，园林空间也更加灵动多变。北京的水系遗址公园，主要是结合了京城两大重要水系展开，并体现出了这两大水系的历史演变和文化特色。

4.8.1　莲花池水系——北京的"摇篮"

北京城起源的蓟城，是个人口比较稀少的小城，它赖以生存的水源，就是靠位于城西侧当时叫"西湖"的莲花池，因而历史上有"先有莲花池，后有北京城"之说。蓟丘在城内的西北隅（现白云观的西侧）。具有水源和高地，是蓟城成长有利的地理条件。因此，蓟丘和莲花池是北京城最

莲花池公园湖景

初所拥有的山水特征，再加上它处于南北交通的重要地段。所以逐渐发展壮大起来。在蓟城旧址上大规模扩城有两次：首先是辽代，建立了一个陪都——南京城；相继而来的金代，在此建立金中都，将城扩大后把以莲花池为水源的莲花河纳入城中，由"莲花池、莲花河、鱼藻池及护城河"组成鼎盛时期的莲花池水系。追根溯源正是由于莲花池的存在，影响和见证了北京从一个边缘小城，一步步成长壮大，成为历代王朝帝都的过程，是名副其实的北京的"摇篮"。

4.8.2 通惠河水系——北京的"生命线"

到了元代，由于莲花池水源有限，满足不了规模宏大的大都城的需求。元世祖忽必烈经过了几年的考虑，最后决定迁移另建大都新城，这就需要寻找开辟新水源。另外，新的大都城上升为全国的统治中心，必须解决漕运问题。所谓漕运是指历代皇朝将各地所征收的粮食解往京师和指定地点的水运，以粮食为主，也有建材和生活必需品。主持修建的汉臣郭守敬，经过详细勘察，确定通过延长河道，取昌平百浮泉之水，经昆明湖入大都积水潭，再转入通惠河至通州。这项巨大的水利工程完工后，河运畅通，大都所有物资均由大运河运抵通州，再经通惠河运至内城积水潭。当江南的漕运粮船首次浩浩荡荡驶入都城内的积水潭时，舳舻蔽水，帆樯林立，盛况空前，人们争先观看犹如过节般热闹。元世祖忽必烈正好从上京归来，见此情景大悦，赐名"通惠河"。后来明代改称为"御河"（玉河）。这条河在明清时期，一直得到维护，沿用到20世纪初。它川流不息经历几百年，承担了运输京师漕粮和物资的历史。因此它既是一条生命的补给线，又是一条反映历史文脉的河流。

通惠河水系

第五章　我们的设计

5.1 设计风格

5.1.1 北京园林的风格框架

谈到北京遗址公园的风格问题，我认为，它首先应该被归纳到北京园林的风格框架之中。北京园林风格的形成，既有深厚的历史传承，又有鲜明的时代特点。经过几代人坚持不懈的追求和努力，不断的探索和实践，形成大气、简约、恢宏、壮丽、朴素和富有哲理的独特风格。这种风格既与明清皇家园林一脉相承，又适应了京城百姓的精神和生活追求。可以这样说，半个多世纪以来，北京园林的发展离不开时代变迁的印记，但总体来看还是基本形成和秉持了自己的风格和特色。

我从事园林设计工作近 30 年来，一直不断地进行传统与现代相结合的实践与研究，明确了对待文化的态度，是一个自觉的文化承担者，在全球经济一体化的浪潮中，文化发展不可避免地表现着"趋同"之势。面对新的形势，如何坚定文化自信和文化理想，如何延续传统文化和民族特色，对于北京这座历史名城来说，是非常重要的一个方面，体现在如何保持传统浓郁京味文化的地域特征上。也就是如何表达前面所说的"一个城市，两种文化"的特点上。北京现代园林的格局已经初步形成，在体现多样化的同时，由于北京是正统的政治文化中心，具有文化精英意识，因此一直固守着自己的精神家园，整个城市园林建设发展的主流方向是明确的，就是能反映北京地方传统文化和特色，需要我们沿着京派园林的方向，立足于现实社会求新求变，创新发展。

首先是依据每个项目类型和功能把握对项目的整体理解；其次是设计师的修养和智慧，好的设计绝不是心血来潮的冲动，而是经过反复思考、不断推敲后的艰难选择，一定要避免符号化、直白式的说教，追求的是深层次、意会式的精神表达和共鸣。

北京有多处遗址公园，尽管它们所处的地段位置不同，所具有的外在形态各有不同，但内在的"神"与"意"则都来源于中国传统的造园艺术，都体现出了"庄重、大气、古朴、典雅"的特色，体现出主流风格的一致性，符合中国人的审美心理和价值观。

我的设计一直致力于京派园林在新形势下的继承与发扬，在实践中不断总结探索。我得到的体会，首先是要强调继承与创新并重的观点，不以传统为包袱，不以西方为模式，而是依据场地特征，立足于当今的社会需求，努力去发现和保留传统文化元素中与现代生活相关联和有价值的东西，将其应用到场地设计之中，以适应现代人的审美要求；第二是运用和发挥园林特有的专业综合能力的优势，用开放的视野和多元化的思维，探索京派园林的合理路径。

经过多年不懈的努力，通过完成的多项实例，已经初步形成展示历代北京城墙、水系变迁的遗址公园体系。在这个体系中，既有以城墙遗址为主体的遗址公园，也有在已被拆除的原城墙位置上复建的城墙遗址公园，还有以历史水系河流为主体的主题公园。这些公园建成的特色和风格，广泛得到了社会和专家的认可。

5.1.2 "渐进式创新"的设计风格

由于我们正处于一个变革和转型时期，传统与现代的交织与融合，比以往任何时期都明显。当下的园林设计行业从观念上已经有了很大的跨越，如果以前很多人还在争论和纠结于我们是应该更传统还是应该更现代，而现在我们已经大体上走过了这一误区，也不会再简单地以此来作为评判事物的标准了。当我们面对一个设计项目时，重要的是要分析出每块场地所具有的精神特质，通过全面和深层次发掘，来认知和评价这块土地上的文化价值。然后采用科学、合理和有效的设计方法和形式来解决问题，我们的设计是要使场地获得最大的综合价值，至于采取的技法是传统还是现代的，人们已经不会再纠结于机械地去划分什么界线，因此，这些都已被视为我们创新的依据和设计的源泉。

中国悠久的历史，绵延数千年，而古都北京也历经了千百年的日积月累，它在各个时期所留下的遗址、遗迹和文化遗存，都是我们的民族瑰宝，我们的文化自信离不开对中华民族历史的认知和运用。因此，现代所谓的创新，一定是以场地固有的文化特质为基础，依据合理的逻辑分析，按照渐进式发生的规律为我们提供解释与设计，那种所谓"颠覆式创新"，犹如无本之木、无源之水，往往既达不到求新的初衷，也很难实现预期的目标。当我们面对各种类型的设计时，不去纠结于怎样实现颠覆性和突破性的创新，而是充分尊重历史、虔诚敬畏自然，才有可能获得良好的设计灵感，甚至某个细节，都可能存在着令人惊喜的创新点。

园林设计是一个实践性很强的行业，只有靠一个个建成落地的项目，才能有说服力，才能诠释和解读书本上的理论。多年来，我所主持的设计实践相对集中在城市遗址公园这种类型的项目上，这样的园林设计需要什么样的主导风格，是我长期思考的一个问题。我认为，"渐进式创新"的设计风格，符合遗址公园的文化特质，也符合中国现代园林继承与创新并重的基本原则。

回过头来看，任何时代都没有所谓一步到位的创新，任何创新都一定是建立在对优秀传统的合理继承基础之上，循序渐进是一个必然的历史发展过程。

回望这些年的设计作品，我在为自己感到幸运和欣慰的同时，也为在园林以及相关行业中出现的一些问题感到忧虑。比如在设计风格上，有些人主张对古典园林的生搬硬套表现得泥古不化，有些人对西方景观的抄袭拼凑，还有些人对时尚潮流的盲目跟风等等。有些设计师对创造崭新的景观愿望很强烈，极其简单肤浅地追求所谓的新颖、独特，更有甚者，在遗址公园的局部设计中直接照抄照搬。这些人舍不得沉下心去做足功课，对很多历史和文化方面很有价值的东西，缺少最基本的尊重与了解，由此而产生的设计，只能是华而不实，功能欠缺，缺乏文化内涵和艺术品位的作品。

5.2 设计特点

我们的设计就是为场地价值寻找载体的过程。从目前来看，遗址公园是保护和利用那些地面上存在的历史文化遗存最好的载体，园林完全具有这样的能力，根据场地中的遗址、遗迹和文化遗存实物，借助有价值的史志、历史传说以及文学作品等，用专业的理法和技法，重新给这些传统文化元素赋予时代的活力。通过我们的设计，将它们科学合理地融入现代生活之中，共同体现和提升场地的核心价值，共同激励我们保护和利用好这些珍贵的城市记忆。

我们在这类文化型遗址公园的设计过程中，必须明确设计的使命就是保护并研究遗址，诠释遗址文化，赋予时代内涵。设计师要像一位理性的历史学家，需要一边考量所研究的历史地段，一边有条不紊地将一个个事件归入不同的历史时期。使人们在此能够找到城市记忆的起点，认清城市生长的脉络。首先深入考察和分析场地特有的文化内涵和精神特质，保留和提炼可以应用到现实场景中的历史文化元素，同时把握现代城市生活的发展动向和现实需求，确定可以使用的新的文化元素，使现代文化与古老的遗址产生更恰当的交融与对话，使场所的历史可以有更合理的延伸，使这些特殊的历史地段既有传统内涵，又具有现代生活的内容。只有在传统与现代之间构建好桥梁，建立相依相存的联系，传统文化才得到真正延续。在本人负责完成的这些实例中归纳起来有以下几个共同点：

5.2.1 继承与创新并重的原则

这应该是对待这类文化遗址公园的一个基本原则。如何将这类遗址所具有的历史文化，更好地保留和表现在我们的现代园林景观中，这确实是需要我们认真面对和深入思考的一个新问题。我认为，继承历史文化，服务时代需求，利于持续发展，是继承与创新的基本合理内涵与外延。继承，不是历史风貌的简单重现，不是只停留在历史的某个阶段。创新，也不是简单对西方景观的抄袭拼凑，不是对时尚潮流的盲目跟风，凡是简单地追求所谓的新颖、独特，都不能被认为是真正意义上的创新。

现代园林与遗址公园保护相结合，是一个具有继承和创新双重意义的探索，在继承中转化，在学习中超越。实践说明，对于"民族传统文化创新"来讲，这样的形式是一条可持续发展的路径。我们发现，在对待这类文化遗址公园上，至少有两条线是并行且交织的：第一条线，历史文化遗迹继承与保护；第二条线，现代城市空间的文化功能组合。将公园建设与整个城市开放空间及多种功能统筹地加以结合，从历史、景观、生态、休闲、市政、交通等因素全方位进行规划设计。以发展的观点，为现代人的生活和社会需求服务，满足现代的审美价值。营造一个具有鲜明历史文脉的现代城市开放空间，成为京派新园林的特点。

5.2.2 表现遗址和遗存的原真性

即保护遗址是核心。这些文化遗址，大多处于特殊的历史地段，有明确的历史线索或遗迹。在遗址上保留着依稀可辨的时间痕迹，可以唤起人们对往昔的回忆。作为历史遗存的文物节点，像皇城及土城遗迹、城门遗址、古河道等都是历史原物，都应严格按照文物修缮原则，"修旧如旧、以存其真"。保护和再现其历史信息的真实性，以古朴自然的形态来衬托，使之成为公园的特色主题和最具价值的观赏点。

像地处明代皇城范围的菖蒲河公园及皇城根遗址公园、位于元代土城的元大都城垣遗址公园、位于旧城保护区边界的北二环德胜公园和什刹海等都具有鲜明的场地特性和历史文化内涵，需要保护与延续。

5.2.3 注重景区文化的连贯性

即文化的提炼与表达，它始终贯穿于整个公园，这是我们公司设计这类公园的一大特色，将历史文化主题恰当的引申，或象征性地再现一些有关联的景点，层次丰富并将片断化的历史记忆进行关联整合和延展，重新寻回时间上的连续性和历史内涵上的完整性。

注重结合周边环境，借题发挥，以现代人喜闻乐见的方式，点缀与场地历史内涵相依相存的文化节点，形成清新、高雅的文化休闲空间。遗址是一种记忆的工具，将原本碎片化的场地记忆，通过修复和衍生延续，重新寻回时间的连续性。

像皇城根的时空对话、御泉夏爽；菖蒲河的天妃闸影、锦屏蒲珠等。

继承与创新并重

5.2.4 植物景观和生态多样性

植物造景是我们公司设计这类公园的另一大特色，我们严格依据现场环境的条件和项目的定位、功能，尊重自然规律，以植物的四时季相特征，同时根据植物的科学性、文化性、艺术性和实用性原则进行设计。植物的树种选择强调体现老北京生活的乡土树种以及这些植物所包含的寓意，并尽力恢复历史地段原有的氛围和意境，以复层配植的方式发挥其最大的生态效益，像北二环德胜公园和城市公园完全体现出以植物造景、再现绿色城墙为创意和主题。

5.2.5 公共空间功能的综合性

历史地段的遗址园林建设的目的是使其焕发出新的活力，通过丰富完善各项功能为居住在周边的老百姓服务，因此需要在浓厚的历史氛围中设计出一定的活动空间，满足现代人亲水、健身、跳舞、集会交流等使用功能要求，也展现了当地居民的生活特色和文化娱乐，像元大都土城公园的元代文化广场等。

5.2.6 新技术新材料的实用性

节约型、环保型、生态型技术的运用，也体现出了京派园林与时俱进的时代感。像十几年前设计的皇城根的滴灌和微喷技术应用，菖蒲河的生物净化水处理及 GRC 仿真山石、LED 灯的应用，北二环的渗水砖及节能照明系统等，在当时都是领先的技术，都取得了很好的推广示范效应。2013 年完成的金中都公园是海绵城市理念和资源循环利用的示范工程，将园林废弃物和河水处理后再次循环利用，开展了生态效益定量检测等措施。

园林的包容性和整合性很强，它可以不断地把当下最新的理念和需求及时地融入其中，像现在所提倡的生态理念、海绵城市、节约型园林等，这些设计作品，不只是呈现出设计方案和建成效果，更主要的是了解认识到这些项目背后从反复研究推敲到最终定稿的过程。面对新的课题我们都迅速做出相应的对策，在保持核心优势的同时，不断丰富内涵，不断扩大外延，以适应社会的需求。

植物景观和生态多样性

第二部分 案例

——园林与城市一起成长

北京对于遗址公园的建设，一直在全国处于领先地位。我们从 2001 年的皇城根开始设计这类遗址公园，在国内属于最早接触这类项目的设计公司。那时也没有成熟的案例可以参考，我们就边学习研究、边实践总结，经过十多年的积累，已经完成了一大批在全国有影响和示范作用的遗址公园。特别是沿着北京城墙遗址和通惠河故道形成了遗址主题系列公园，现在来归纳总结有许多感触。这些曾经气势恢宏的古代城墙和历史河道，绝非仅仅是一圈墙和一条河。它既是文化象征符号，也是一个历史视角，与几千年的中华文化如影随形，城墙凝聚的是博大精深的文化，河流追溯的是连绵不断的历史脉络。而我们正是通过这一系列的公园的设计，力求能够表达出古城演进的历史轨迹，恰如在大地上书写了一部系列的历史教科书，来诉说着北京这座三千多年古老城市跌宕起伏，精彩纷呈的变迁史。

自 2001 年以来，我们的设计主要是围绕一城（北京古城）、一河（通惠河）的相关案例。时至今日，我想利用图文结合的方式，对这些项目的设计过程做一下较为系统的回顾，通过对一些重点项目的详细分析，看到现代园林对北京历史遗址独特的文化表达。力求使读者能够感受到这类遗址公园所蕴藉的古城魅力和京派园林的一些特征。

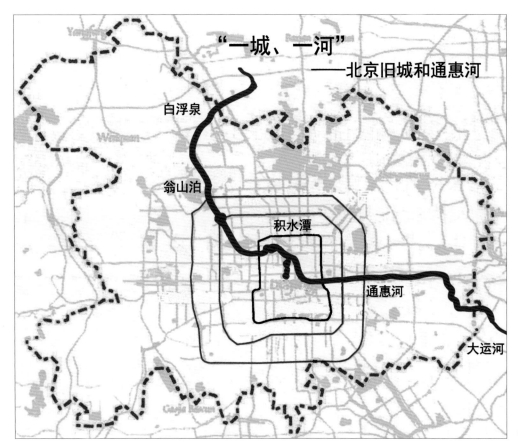

一城、一河——北京旧城和通惠河

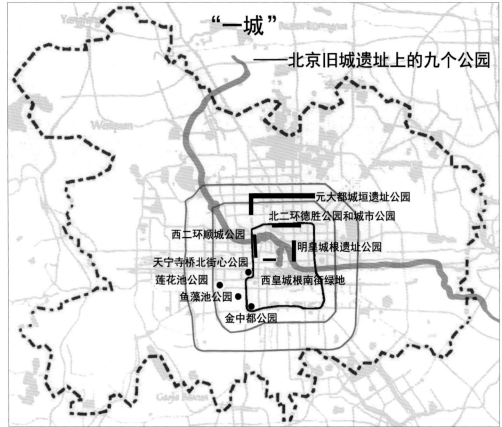

一城——北京旧城遗址上的九个公园

第六章　与城墙相关的 9 个案例

北京古城是指 1949 年以前的"北京城"，它是在元大都的基础上，历经元、明、清三个朝代 800 余年建设而成的，由最初"状如棋盘"逐渐衍变形成的一个呈"凸"字形的平面区域，分为内城与外城，面积约 62.5km² 。北京古城是人们记忆的存储地，是过去的留存处。城市是一部具体、真实的人类文化的记录簿，城市的历史建筑、空间形态、环境特色是其文化价值最直观、最生动的写照。同时，在城市化过程中也始终面临着如何保护城市特有的历史风貌的课题。

这些废弃并遗留下来的城墙遗址，留下的种种城市遗迹，也揭示出以往各时期的种种记忆和希望。首先要提到的是梁思成先生为保护古城墙而最早提出建立城墙公园，古今兼顾，新旧两利的设想。

在新中国成立之初，对于北京城区的规划问题，梁思成与苏联专家代表团形成了意见冲突。梁思成的意见：行政中心应当建设在老城区之外；北京不应当成为工业中心；北京城墙可以建设为"城墙公园"，它将是世界上最特殊的公园之一：全长达 39.75km 的立体环城公园。他憧憬着："宏大的城墙和北京城十几座城楼全部保留，城墙上长椅石桌路灯绿树"。梁思成曾这样描绘北京老城墙的改造："城墙上面，平均宽度约 10m 以上，可以砌花池，栽植丁香、蔷薇一类的灌木，或铺些草地，种植草花，再安放些园椅。夏季黄昏，可供数十万人的纳凉游息。秋高气爽的时节，登高远眺，俯视全城，西北苍苍的西山，东南无际的平原，居住于城市的人们可以这样接近大自然，胸襟壮阔。还有城楼角楼等可以辟为文化馆或小型图书馆、博物馆、茶点铺；护城河可引进永定河水，夏天放舟，冬天溜冰。这样的环城立体公园，是世界独一无二的……"。新中国成立后，他坚决主张保护古建筑和城墙，与留英建筑专家陈占祥共同提出了"梁陈方案"的建议，在北京城西再建一座新城，而长安街就像是一根扁担，挑起北京新旧二城，新城是现代中国的政治心脏，旧城则是古代中国的城市博物馆。但是，如此的远见卓识却不能为那个时代的人所理解。他多次上书，挽救北海的团城和北京城墙，遗憾的是，城墙在他去世后仍被拆毁。梁思成的设想如被采纳，北京古城会成为世界上最好的古都和建筑博物馆，北京城的发展也可以避免现在的过度集中与拥挤。

我们沿着北京古城的城墙痕迹以及城市历史发展的脉络，共设计了 9 个遗址公园，这类遗址公园的设计需要重点解决以下问题：

处理好场地内历史信息的真实性与设计的创新性之间的平衡，把传统元素重新织入现代时空、现代生活之中；建立历史文化与现代人之间情感的互动和联系；将碎片化的单体遗址有效地串联、有机地融合成一个统一有序的公园整体。

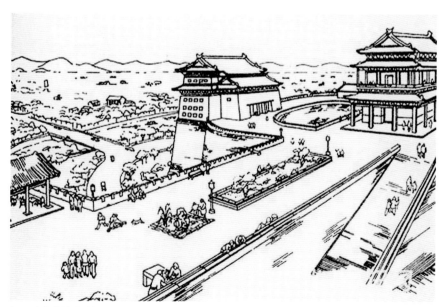

梁思成先生的北京城墙公园设想规划草图

6.1 生命印记——莲花池公园（西周初期）

项目地点：北京市丰台区莲花桥东南

用地面积：44.61hm²，其中水面 15hm²

设计时间：2015 年

现在的莲花池公园，是北京作为城市产生和发展的历史见证，它见证了从西周初期至唐代乃至辽金时期北京城的早期发展。

莲花池古称西湖、太湖、南河泊，原为燕都蓟城西郊的一处自然湖泊。古代莲花池的水源是相当丰沛的，当时的湖面很可观，《水经注》载："湖东西二里，南北三里，盖燕之旧池也。绿水澄溶，川亭望远，亦为游属之胜所也"。

莲花池的古老历史可上溯数千年，与北京城市的起源、发展史相辅相成，历史上曾有"先有莲花池，后有北京城"之说。从北京城市之始的蓟城一直到辽、金的都城，都是依赖莲花池而生存发展的。金中都时代，更加发挥了莲花池的作用，它是金中都的供水与景观水源。

莲花池见证了北京的城市起源、城市建都、都城发展等关键性问题，是现代研究北京古代城市发展宝贵的"活"的物证。

6.1.1 莲花池历史概述

1. 京城起源——从西湖到莲花池

莲花池与北京城的关系，用当今著名的历史地理学家、北京大学教授侯仁之先生的话来说：它们之间存在着"血肉相连的关系"。

侯仁之先生说："北京城正是靠着一个蓟丘，一个'西湖'（莲花池），才成长起来的"。他认为：北京真正的起源是在蓟，蓟的起源是靠莲花池的水。因此，莲花池是北京城起源最早、最为重要的"生命印记"。

1115 年，女真族创建金国，国都原本在哈尔滨的上京会宁府。为了就近统治中原地区，完颜亮决定迁都到燕京。为了给迁都造势，他在上京栽了 200 棵莲花，都未成活，

北京三环上的三颗明珠

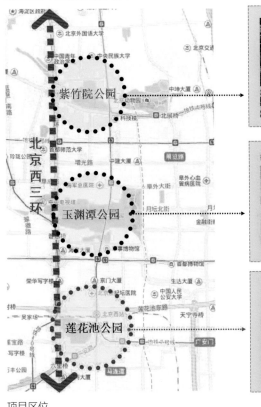

紫竹院公园 位于北京西三环紫竹桥东北侧。始建于 1953 年，因园内有明清时期庙宇，"佛荫紫竹院"而得名。全园占地 47.35hm²，其中水面约占三分之一。紫竹院公园以竹景取胜。共栽有 10 余种竹子，16 万余株。

玉渊潭公园 位于北京西三环航天桥东南侧。市属十一大公园之一。规划总面积 136.69hm²，其中水域面积 61hm²。每年春季举办的"樱花赏花会"国内知名，赏花人潮如融融春水涌动，成为京城早春特有的景致。

莲花池公园 位于北京西三环六里桥东北侧。属北京市一级古遗址公园。她是北京城的发祥地，有"先有莲花池后有北京城"之说，距今有 3000 多年的历史，现以莲花为主题的公园。20 世纪 80 年代新建成的莲花池公园占地 53.6hm²。

项目区位

器械健身现状

器械健身场

休息廊架一

器械健身现状

篮球场地

休息廊架二

西北部春花植物

南岸观景廊

游船码头

南门入口广场

从莲花池看西客站

北京城起源

蓟草

侯仁之文集

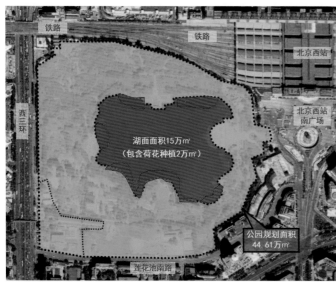

公园基础数据

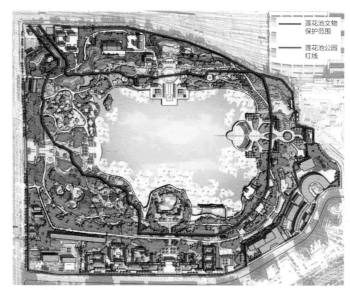

文物保护范围

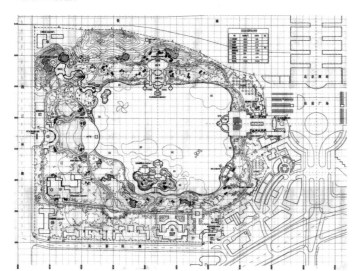

2000 年完成时的施工平面图

2007 年修改方案

于是制造舆论"上京地寒,惟燕京地暖,可栽莲"。1153 年,完颜亮宣布迁都,新国都在辽代燕京城的旧址上扩建而成,金中都的城址就建在莲花池以东的地区。莲花池的泉水,是金中都的水源。完颜亮迁都后,果然在池中栽种了大量的莲花,莲花池也由此而得名。

2. 保住印记——侯仁之与莲花池

20 世纪 90 年代初,在北京西站选址与规划设计时,决定占用莲花池的主体范围。消息传出后,侯仁之先生向有关部门竭力陈词:莲花池是北京城起源的重要地物标志。如果占用莲花池,就等于一个人把原本成长的"生命印记"忘掉了,忘本了……而如果把莲花池这样一个对北京城有特殊意义的遗迹保留下来,不仅可以在新的车站旁边保留一个开阔的空间,还增添了一处可供人们流连的景观。在经过一番努力之后,相关部门最终接受了侯仁之先生的意见,改变了原有的方案,将原站址向东移了约 150m,完整地保留了古莲花池。

6.1.2 莲花池公园概况

莲花池公园规划占地 44.61hm^2,地处丰台、海淀、西城三区交汇处,属 AA 级景区、市级文物保护单位、北京市历史名园。

莲花池公园于 1998 年开始恢复建设,湖内种植各种莲花,于 2000 年 12 月竣工,开始接待游人。公园紧邻北京西站,交通便利,周边小区林立,区域商贸发达,是北京

北京城历史发展最重要的具有里程碑意义的两个时间节点:

建蓟城(公元前1045年)和建金中都(公元1153年)

蓟城　　　　　　　　　　金中都

西湖　　　　　　　　　　莲花池

历经2000多年朝代变迁而城址未变

"西湖"到"莲花池"的名称演变,是城市由兴起到鼎盛的历史见证

北京3000年建城历史的唯一物证即莲花池(西湖),这是保护莲花池的核心价值所在,也是本次设计体现历史文化价值的核心内涵。

莲花池保护的核心价值

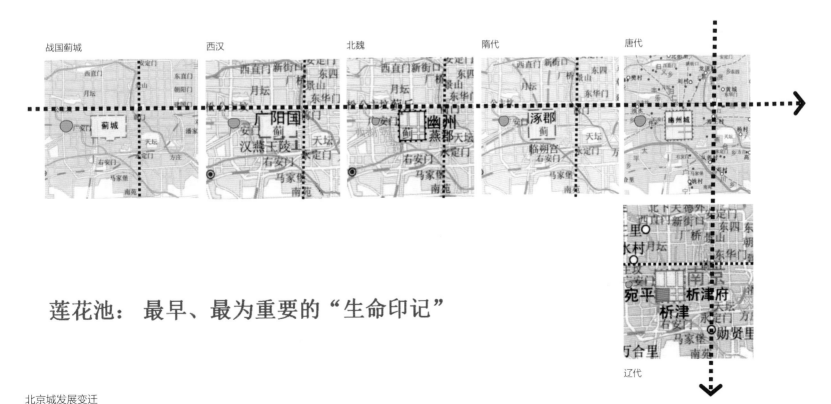

莲花池:最早、最为重要的"生命印记"

北京城发展变迁

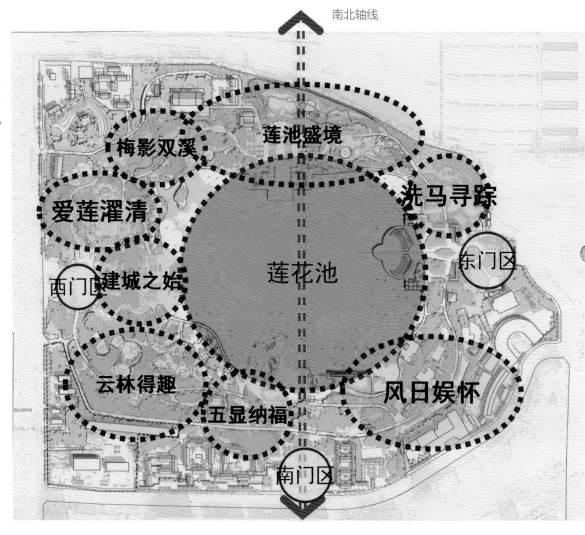

景观结构特点：
突出山水格局，
强调南北轴线，
增加植物特色，
形成八大主题。

一池八景：
莲池盛境、
洗马寻踪、
风日娱怀、
五显纳福、
云林得趣、
建城之始、
爱莲濯清、
梅影双溪。

三个公园主门区：
西门区、
东门区、
南门区。

景观分区

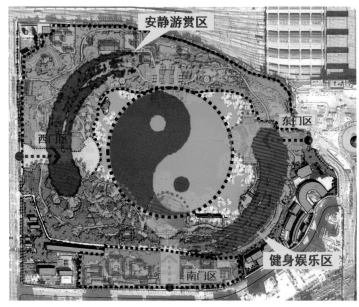

动静主题分区

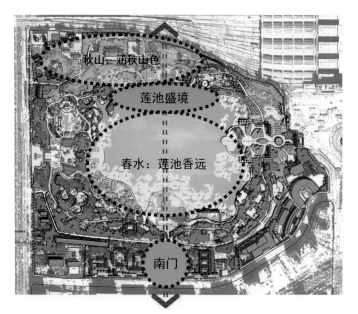

公园的轴线和山水格局

总平面

鸟瞰图

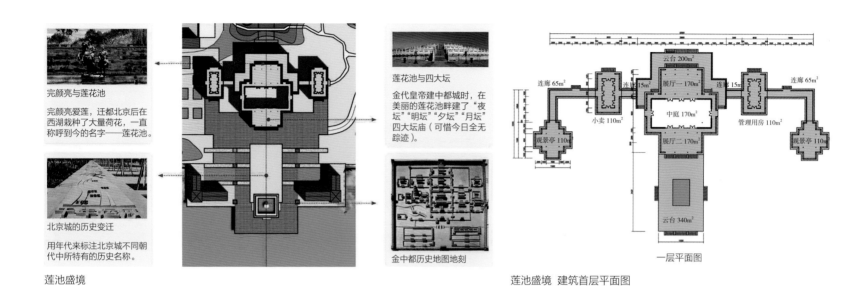

莲池盛境

莲池盛境 建筑首层平面图

莲池盛境建筑立面及剖面图

城西南部旅游观光，展现首都古今风貌，集历史文化和生活娱乐为一体的综合性公园。

6.1.3 现状存在的问题

公园从 2000 年开放，10 多年来积累下许多问题，在新的历史时期亟需改造提升。首先，作为历史文化名园，缺少历史文化内涵，莲花池具有很高的历史价值，对北京城市发展史的研究具有非常重要的地标作用。但第一次建设时，对莲花池历史文化的挖掘不够，没有充分展现其历史文化名园的价值；其次，公园多年来所进行的多次局部改造建设，大多偏重基本使用功能，缺少文化脉络，缺乏统一协调的总体风格，表现了无序开发特征，还有服务业态低端，设施不够完备等。

6.1.4 公园定位与主题特色

公园因文物古迹莲花池而得名，具有鲜明的历史文化主题，因此公园定位为：

强化莲文化主题，彰显历史价值，突出生态理念，体现植物特色，将公园建造成服务于北京城区和周边居民的集文化、生态、健身、休憩于一体的城市综合性公园。

莲池盛境方案一效果图

莲池盛境方案二效果图

爱莲园效果图

历史事件节点

生命印记－蓟城文化广场

洗马沟源头－洗马寻踪效果图

莲境空间效果图

西门方案效果图

南门方案效果图

南门方案效果图

莲境空间效果图

形成两大主题特色。一是历史文化主题：体现公园是见证北京 3000 年建城历史的生命印记；二是莲花文化主题：体现北京历史记载最古老的品莲池和唯一以莲花命名的公园。通过丰富莲花品种，充实观赏方式，打造集观赏、培育、科研于一体的特色主题公园。

6.1.5 景观分区和 2 条游线

1. 景观分区

突出公园两大主题特色，按照公园现有功能设施分布特点，使公园功能分布更加合理，重新组织公园分区，利用"一池八景"的景观构架，形成全园稳定、南北贯通的、中国传统园林的山水格局。

2. 以北京建城史为主线的历史文化游线

从"西湖"到更名为"莲花池"，正好是从建蓟城（公元前 1045 年）到建金中都（公元 1153 年）的过程，因此它是从西周初期至唐代乃至辽、金时期，北京城早期发展的重要历史见证。

紧紧围绕北京城市历史发展中具有里程碑意义的两个时间节点，设立文化广场和历史文化步道。历史文化游线以西门"建城之始"文化广场为起点，以湖北岸的莲池盛境广场上"建城历史展览馆"作为终点，有侯仁之先生雕像为主题的"莲池守望"作为总结。游线全长 1000m，每隔 200m 左右设置一个节点，表现北京城市建设过程中的重要历史时期和历史事件。

3. 以赏荷品莲为主线的植物特色游线

目标是建立北京地区最全的莲花品种养殖观赏基地，建立以荷花为特色的园林景观专类园。通过品种展示、游览观赏、文化体验来表现这一特色。首先依据荷花特点将全园划分为：特选、睡莲、新优、古荷、盆栽和良种扩繁 6 个展示区，中心湖为莲池游览区，结合温室汇集室内外各种栽培方法和展示方式，延长观赏时间和花期，达到品种的多样性。特别是将北京金代的古荷品种引种回来，重归故地，可谓是在消失了几百年后的盛世回归。

植物景观 – 春花园效果图

水体改造 – 假山叠水

植物景观 – 春水

植物景观 – 秋山

公园全景 - 繁华都市中的一泓清池

环湖漫步路

月季园

山石叠水

公园北岸大面积的疏林草地

荷花中的划船路线

景桥和山石护岸

公园南岸码头

莲花池周边高楼林立

公园北岸环湖景观

荷花品种池

赏花休息长廊

6.2 蓟丘寻古——天宁寺桥北街心公园（西周初期）

项目地点：北京市西城区天宁寺桥北侧

用地面积：1.5hm²

设计时间：2015 年

获得奖项：2016 年度北京园林优秀设计三等奖

项目位置位于天宁寺桥北侧，白云观街东侧，沿南护城河的滨水绿地，面积 15000m²。这个项目的特殊性在于它正好与位于与北京城之起源的蓟城有密切关系，也是在当年蓟丘所在范围内唯一的一块公共绿地。因此将此项目定位于以体现古蓟丘的文化历史为特色。营建具有浓郁文化氛围的休闲绿地，并与修建于唐代的白云观形成了协调呼应关系。

据北魏地理学家郦道元的《水经注》记载：昔周武王封尧后于蓟，在蓟城内西北隅有蓟丘，城邑因此以名，而蓟丘，因其上长满一种叫"蓟"的野草而得名。20 世纪 50 年代，在今白云观西里，蓟城的西北角，有一大土丘，上

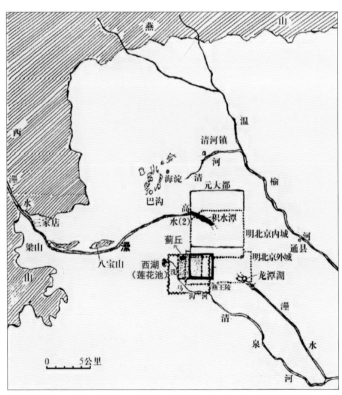

历史上蓟丘的位置图

现状河坡

现状泡桐及活动平台

现状位置平面图

北侧桥头平台视点较好但护坡缺少植被

地块较平坦，有两株现状泡桐保留，现状建筑保留改造为驿站

南侧坡地缺少植被，但视点较好

现状分析

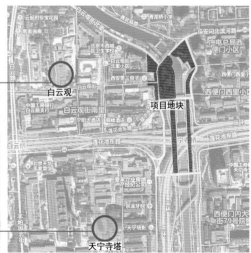

项目概况

现状护坡挡墙保持不变，结合大树设计观景平台。白云观街入口对景设计广场及景观文化柱，呼应当地文脉设计风雨桥及砂庭。沿街设计缓坡微地形营造园内安静空间。

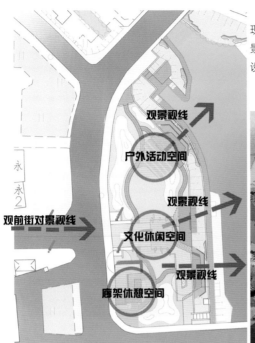

地块重点区域景观结构分析图

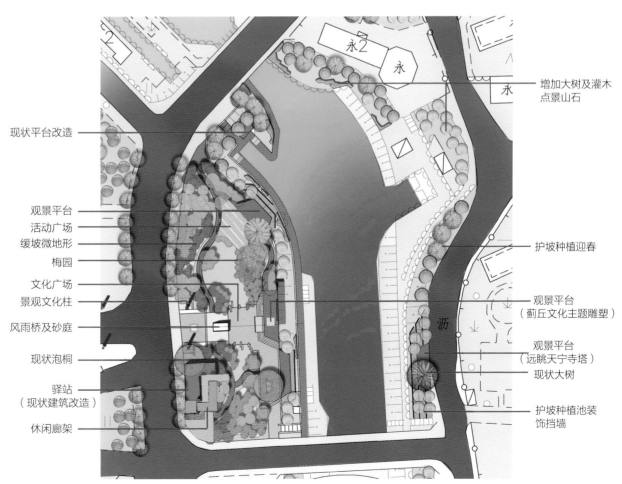

重点区域景观平面图

面散落着许多战国、秦汉时期的陶片，在出土的战国陶罐的沿口上有"蓟"字陶文。依此，侯仁之先生认为这土丘就是蓟城赖以得名的蓟丘。20世纪70年代，随着城市的发展和建设，这样有价值的土丘竟逐渐消失。根据记载，历史上蓟丘也是历代文人墨客雅集之所，最出名的是唐代文学家陈子昂作的《蓟丘览古》。

根据这段历史，我们在公园设计了三个不同的活动空间。主景广场是将白云观前街的对景线延伸到绿地，并形成文化休闲空间，在广场中心依高差设计了图文并茂的景墙，表现了这段历史文化的渊源，从而使蓟丘主题与白云观的文化氛围产生呼应的效果，同时设计了临水眺望木平台，围绕原有的大泡桐重新开辟了聚会交流场地。南侧将原来的饭馆腾退，经过重新改造装修，建成为附近社区居民免费服务的园艺推广中心，与建筑相连增加紫藤花架形成廊架休憩空间。北侧则是满足周边群众日常健身的户外活动空间，利用微地形围合出安静的小空间和蜿蜒的散步路，种植景观以梅花、七叶树、银杏为主，突出寺庙园林的特色，建成一处深受周边百姓欢迎的、绿树环绕独具特色的滨水休闲公园。

全园效果图

观前街对景文化广场

风雨桥及文化广场

河边观景平台

驿站服务建筑

对现状建筑进行改造，建筑外立面采用新中式的风格，为游客提供服务和休闲设施。

现状亭进行改造

现状饭馆改造成园艺推广中心

外立面

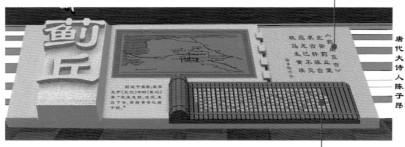

《蓟丘览古》

北登蓟丘望

求古轩辕台

应龙已不见

牧马空黄埃

尚想广成子

遗迹白云隈

唐代大诗人陈子昂

蓟丘文化小品设计方案 - 效果图

文字介绍内容沿用白云西里小区内的古蓟丘旧址的文字内容。

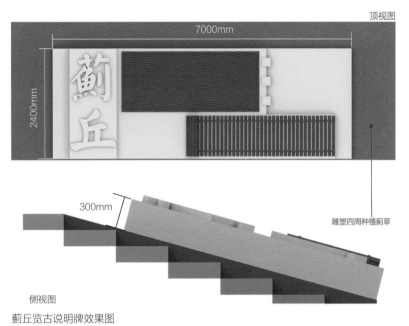

顶视图

7000mm

2400mm

300mm

侧视图

蓟丘览古说明牌效果图

雕塑四周种植蓟草

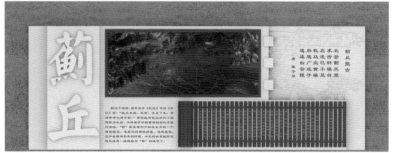

石材浮雕字　铸铜浮雕蓟丘地形　蓟门烟树浅浮雕

镶铜竹筒

蓟丘览古文化牌材质说明图

蓟丘览古说明牌效果图顶视图

蓟丘说明牌及其两侧种满的蓟草

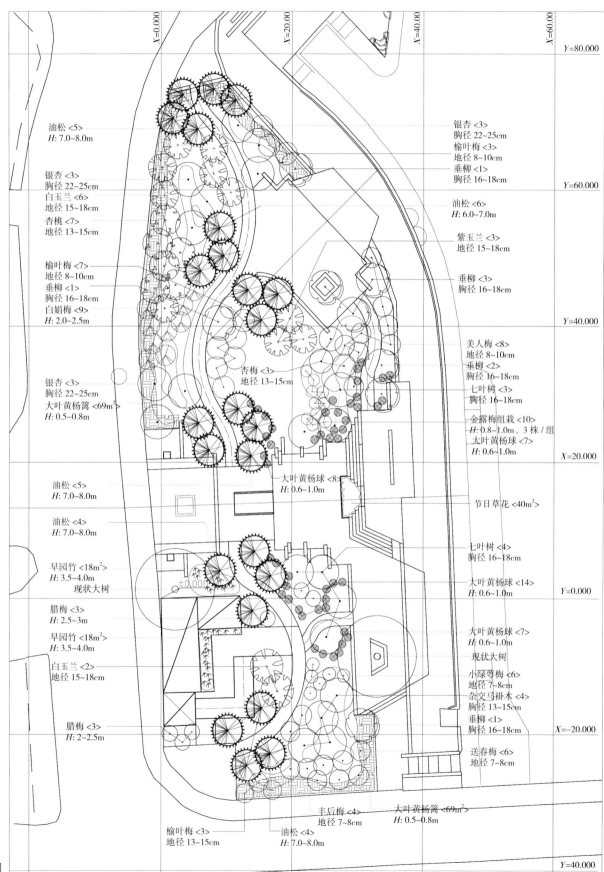

油松 <5>
H: 7.0~8.0m

银杏 <3>
胸径 22~25cm
白玉兰 <6>
地径 15~18cm
杏桃 <7>
地径 13~15cm

榆叶梅 <7>
地径 8~10cm
垂柳 <1>
胸径 16~18cm
白娟梅 <9>
H: 2.0~2.5m

银杏 <3>
胸径 22~25cm
大叶黄杨篱 <69m²>
H: 0.5~0.8m

油松 <5>
H: 7.0~8.0m

油松 <4>
H: 7.0~8.0m

早园竹 <18m²>
H: 3.5~4.0m
现状大树

腊梅 <3>
H: 2.5~3m
早园竹 <18m²>
H: 3.5~4.0m

白玉兰 <2>
地径 15~18cm

腊梅 <3>
H: 2~2.5m

银杏 <3>
胸径 22~25cm
榆叶梅 <3>
地径 8~10cm
垂柳 <1>
胸径 16~18cm

油松 <6>
H: 6.0~7.0m

紫玉兰 <3>
地径 15~18cm

垂柳 <3>
胸径 16~18cm

美人梅 <8>
地径 8~10cm
垂柳 <2>
胸径 16~18cm
七叶树 <3>
胸径 16~18cm

金露梅组栽 <10>
H: 0.8~1.0m、3 株 / 组
大叶黄杨球 <7>
H: 0.6~1.0m

大叶黄杨球 <8>
H: 0.6~1.0m

节日草花 <40m²>

七叶树 <4>
胸径 16~18cm

大叶黄杨球 <14>
H: 0.6~1.0m

大叶黄杨球 <7>
H: 0.6~1.0m
现状大树

小绿萼梅 <6>
地径 7~8cm
杂交马褂木 <4>
胸径 13~15cm
垂柳 <1>
胸径 16~18cm

送春梅 <6>
地径 7~8cm

杏梅 <3>
地径 13~15cm

±0.000

丰后梅 <4>
地径 7~8cm
大叶黄杨篱 <69m²>
H: 0.5~0.8m

榆叶梅 <3>
地径 13~15cm
油松 <4>
H: 7.0~8.0m

种植平面图

主入口灯饰呼应白云观的文化特色

主入口广场上的文化符号作为引导

围绕现状大树设置的休闲广场

玉兰树丛

广场上的大海棠

利用高差设置蓟丘览古说明牌

增加紫藤花架

蓟丘览古

临水眺望休息平台

蓟丘览古牌采用不同的材质对比

花架对景

紫藤花架一   林荫漫步

紫藤花架二

原有建筑改造成园艺推广中心

次入口景墙

便民的遛狗池

矮墙围合的入口空间

河坡改造，增加绿化

公园景墙

安装说明牌一

安装说明牌二

6.3 建都之始——金中都公园（金代）

项目地点：北京市西城区西二环菜户营桥东北角

用地面积：约 5hm²

设计时间：2013 年

获得奖项：2014 年度北京园林优秀设计一等奖、2014
年北京市第十五届优秀工程设计一等奖

6.3.1 缘起

2013 年 9 月建成了金中都公园，恰逢北京建城整 860
周年。自 1153 年金海陵王完颜亮入京，标志着北京城有史
以来第一次成为国都，开启了北京城作为政治、文化中心
的先河。但"北京城建都始于金"的这段历史常被世人所
遗忘，成为了建城史上的断点。究其原因，是自元大都开
始，城市中心向东北迁移，这里被废弃后日渐衰败，另外
明、清外城的西墙及现在的西二环路正好是建在了金中都
的中轴线上，使原来的都城肌理荡然无存，在金内城范围里，
仅在广安门外存有一处金代鱼藻池遗址，也被开发商围起
来 20 余年，成了烂尾的别墅项目。

2013 年，借北京市第一条营城建都滨水绿道的建设契
机，西城区政府提出将原来的丰宣公园改造提升为以金中
都建城历史为特色的公园，设立北京市唯一的金中都建城
史记博物馆，公园更名为金中都公园，以唤起被尘封的这
段记忆。

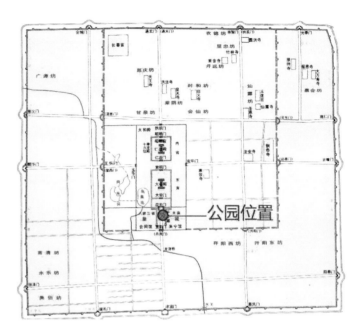

金代中都城池 - 公园正好位于宣阳门和应天门之间的空地

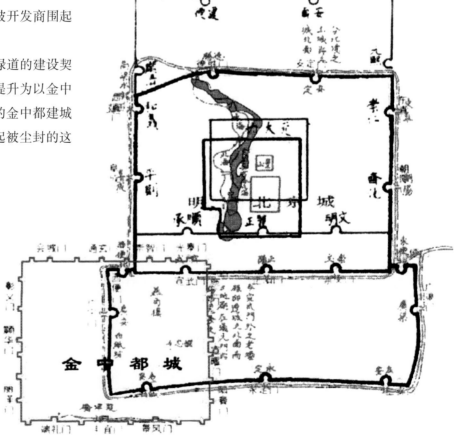

金元明清城址变迁图

▬▬▬▬	金中都城垣边界
▬▬▬▬	元大都城垣边界
▬▬▬▬	明北京城垣边界

现状照片

周边服务人群分析

现状平面图

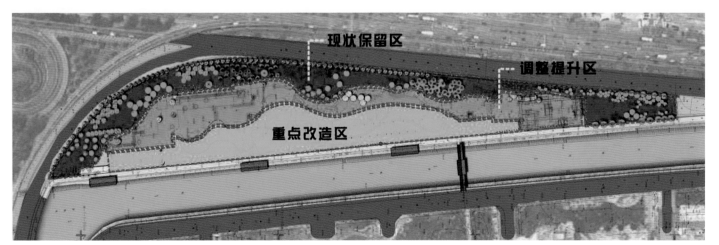

现状景观调整区域划分

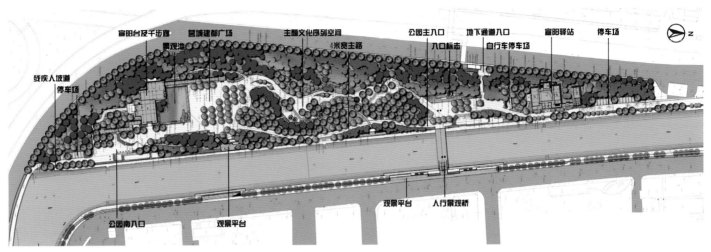

金中都公园平面图

植物景观规划

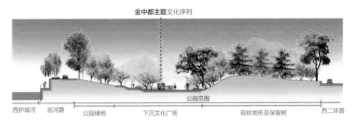

金中都公园剖面图

"营城建都"主题文化序列——用现代的手法诠释历史事件,将雕塑融于山水之间。

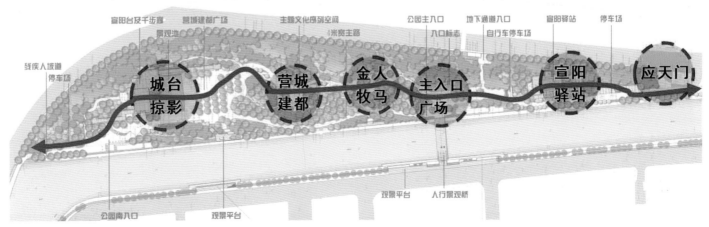

最终确定的主题文化序列

改造前现状鸟瞰

改造后公园鸟瞰图

建筑风格依据 - 金代繁峙县岩山寺壁画

唐大中十一年 公元 857 年 山西五台山佛光寺大殿

金代建筑风格 - 唐风宋制

辽统和二年重建 公元 984 年 蓟县独乐寺观音阁

设计依据 - 金代繁峙县岩山寺考察

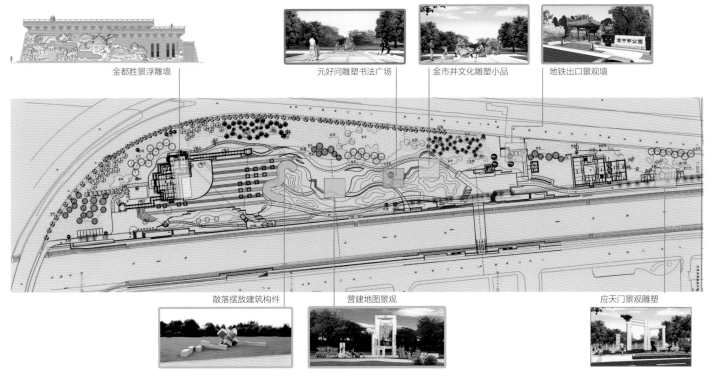

金都胜景浮雕墙

元好问雕塑书法广场　金市井文化雕塑小品　地铁出口景观墙

散落摆放建筑构件　营建地图景观　应天门景观雕塑

文化节点分布图

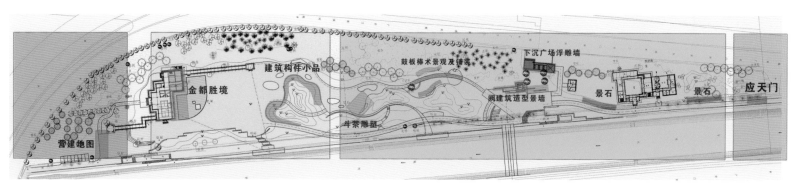

结束部分	主题高潮部分	讲述金文化的系列小品	起点
《营建地图》既是公园游览的终点，又是金中都营建文化的起点。作为历史标点的文化主题，北京以金中都为开端，由此成为元、明、清三个历史朝带的古都。	主题壁画《金都胜境》恢宏磅礴、宛如仙境，将中都文化展示推向高潮，让世人铭记金中都曾经的辉煌历史。	通过景观小品的艺术形式，讲述金中都的诗歌、音乐、市井茶文化、建筑、营建等内容，从文化角度循序渐进地引领游人挖掘金文化的发展脉络。	公园从应天门景观造型开始讲述金中都的营建文化。

金代文化室外博物馆－文化系列空间布局

主入口设计方案

金中都应天门故址设计方案

宣阳驿站效果图一

宣阳驿站效果图二

6.3.2　概况

公园位于西二环菜户营桥东北角。20 世纪 90 年代，由于建设周期短、资金有限，忽视了从蓟城开始"这里就是北京建城、建都之始的地方"这一场地特色，仅在拆迁了所有的工厂、棚户区后，建成了一处简单的街头绿地，大部分地区覆土种草。当时，由于功能上的不合理无法封闭管理，社会车辆穿行，基础设施陈旧，土层薄且植物品种单调、杂乱。它的优势是交通便利、有稳定的服务人群和活动内容。在改造中，公园受欢迎的集中活动广场和成型的大树都进行了保留和延续。

6.3.3　设计特点

金中都公园，占地面积约 5hm²，是整个营城建都滨水绿道的核心景区，公园位于原金中都中轴线上的南城门——宣阳门和应天门之间，无论时间还是空间，都是北京作为城市的起始点。因此，顺理成章成为最适合体现金中都建城历史的场所。

辽承唐风、金随宋制，因此唐风宋制是这一历史时期的风格特点。公园以金代建筑风格为特色，采用简洁的设计手法，形成大气疏朗的空间结构。充分利用原有地势和植被，因高就低，形成多个自然有序、开合变化的绿色空间，营造出古朴、优美的生态环境。公园的主环路就在这些不同特色的园林空间中蜿蜒曲折，串联起了体现金代文化的多个历史节点，结合小品和景石，以文字雕刻点缀的形式，体现金代大事记、金中都中轴线主要建筑、金代御苑和八景等历史信息，反映出了金代园林的重要成就，也标志着从金代开始拉开了北京皇家园林大规模建设的序幕。同时结合雕塑形成一条承载金中都历史、寻根金代文化的慢行步道。由北到南设置应天怀古、宣阳驿站、主入口广场、金人游牧、营城建都、城台掠影等 6 处景点，整体体现了室外博物馆的设计构思。

景点一　应天怀古：为公园的北起点，经考古已证明此地为应天门故址。应天门为金中都宫城正门，作为金中都中轴线重要的参照点，其南为皇城正门宣阳门，其北为皇宫正殿大安殿。由于其位置可辨，为保存文脉，特立石为记，

金人牧马雕塑最终方案

金人牧马雕塑推敲过程方案

金人牧马泥稿

金人牧马推敲过程小样

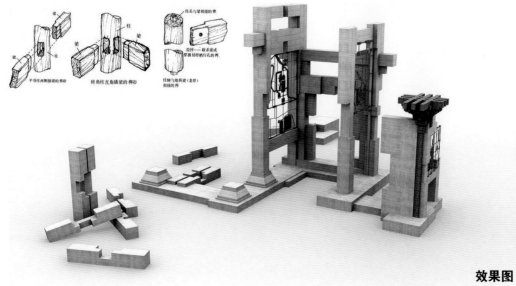

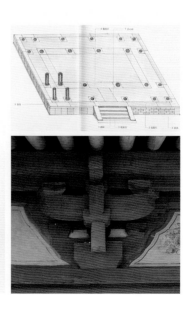

效果图

营城建都方案解析

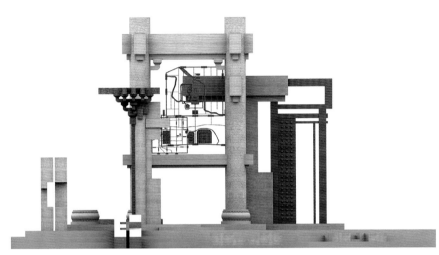

金元明清地图与构架的巧妙结合

营城建都雕塑位置体量与现场环境的推敲过程

与北侧的景亭和东侧设置的临水平台共同形成文化节点。

景点二 宣阳驿站：我们设计了一组院落，作为滨水绿道的管理服务建筑，以回廊围合了现场 2 株几十年树龄的高大挺拔的泡桐树，树下点缀景石翠竹，形成古典书院的氛围，建筑体现了金代建筑雄浑素雅的风格。建成后，作为公益性阅读空间向广大市民免费开放，也是周边百姓以家庭亲子阅读为主题的图书馆。

景点三 主入口广场：入口景观以阙门的形式，与北侧西护沿线的建城纪念柱、金中都纪念阙形成协调统一的标志式景观系列，同时将主入口的景墙与金代遗存的铜坐龙、石虎、文臣像的展示相结合，配以斗拱、莲花座、喷泉，整体形成展示金代文化的室外博物馆氛围。

景点四 金人游牧：在沿线连绵绿色山谷中设置可供游人参与互动的金人游牧雕塑。表现了青草依依之中，健硕的金代女真族青年在迁往燕京的途中游牧休息，卸鞍、抚马，惜马之情溢于言表，表现出女真人质朴自然的、豪放粗犷的民族性格和勇于走出白山黑水间开拓新天地的宽广胸怀。

景点五 营城建都：在山谷之中设置表现都城营建场景的艺术小品，使流动的人群与文化空间场景相互叠加，犹如展开的历史画卷，表达出了立体生动的整体景观效果。

营城建都雕塑最终方案

营城建都雕塑小样

宣阳台效果图

公元 1153 年（金贞元元年），海陵王完颜亮将金朝都城从女真故地——上京（今黑龙江阿城）迁往燕京（今北京），改称中都,完颜亮任命左丞相张浩督建中都,役使民夫 80 万,兵士 40 万,仿照东京汴梁制式营建金中都,揭开了北京作为历史名都的新篇章。景观整体造型再现当年营建中都的场景，由金代宫殿建筑一角演变而来，借鉴金代传统建筑的台基和柱础造型，将金中都地图跃然于梁上，通过时任左丞相张浩与民夫勘图研究营造法式的场景，真实再现当年营建中都的历史原貌。

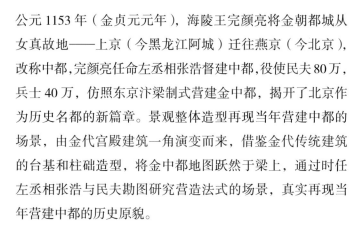

宣阳台推敲过程－从西二环主路看公园主体建筑

景点六　城台掠影：在中心广场，以金中都南城门的宣阳门、千步廊、护城河的空间布局和造型特点为构思来源，简化概括、重新组合复原后，形成高台式主体景观，内设金中都建城史迹展览馆，结合遮阴避雨的休息长廊、寓意护城河的喷水池，散点的石块，斑驳粗犷，衬托出城台的古朴沧桑，不仅浓缩出中都城的古韵雄风，还可登高远眺，体会古今交汇，感受时代变迁。

6.3.4　建成效果

著名历史地理学家朱祖希先生评价说"金中都公园既改变了原丰宣公园纯休闲的功能，使之成为一处难得的文化公园，而且弥补了金中都文化在北京地面上展示不足的缺憾"。公园的改造提升，在社会上也引起了对这块京城发源地和这段久远深厚历史的广泛关注，使金鱼藻池的恢复重新提到日程上来，对未来在整个区域建设金中都文化遗址游览区的设想起到很好的推动作用。

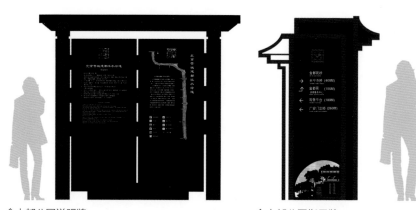

金中都公园说明牌　　　　　　　　金中都公园指示牌

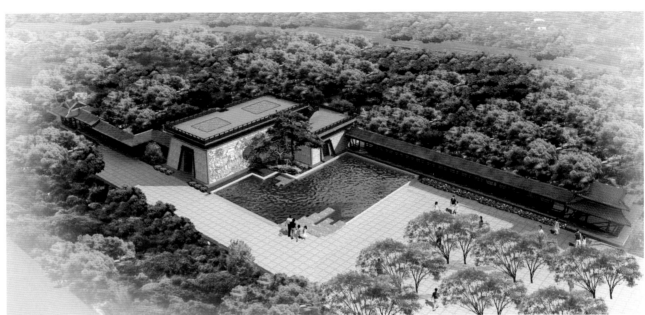

城台掠影鸟瞰图

次入口景观墙

次入口景墙方案

景点一 金中都应天门故址 - 应天怀古

景点二 宣阳驿站

主入口夜景

宣阳驿站

宣阳驿站建成

景点三　主入口

主入口门区

景点四　金人牧马

景点五　营城建都雕塑全景

金人牧马

金中都设计者——丞相张浩

宣阳台及千步廊

千步廊及戏水池

营城建都雕塑之工匠

长廊夜景

仿历史上的千步廊作为休息纳凉之所

景点六 城台掠影景点

千步廊及戏水池

宣阳台 - 金中都建城展览馆

宣阳台夜景

千步廊戏水池鸟瞰

宣阳台夜景

宣阳台及戏水池夜景一

宣阳台及戏水池夜景二

营城建都景点夜景

主路花镜

金代风格的千步廊

园区主环路

花镜

穿越在山谷中的园路

改造后的巡河路融入景观，成为公园的一个组成部分

改造后的巡河路与园林景观结合

与公园风格统一的跨河廊桥

公园临西二环一侧的入口标志

文化轴线－反映金中都中轴线建筑的名称

古朴的座椅

景观灯细部

景观灯和垃圾桶

台阶细部

金中都城池复原图及公园位置

鱼藻池区位图

6.4 中都遗迹——鱼藻池公园（金代）

项目地点：北京市西城区广安门南白纸坊桥西侧
　　　　　200m 处

用地面积：5hm²，其中水面 1.5hm²

设计时间：2014 年

6.4.1 项目背景

本项目所经历的时间前后跨越了 20 余年，其中的变化可以称得上错综复杂。其前身是 1994 年开发的"金宫花园"公寓楼建设项目。随后赶上了金融危机，提供贷款的银行倒闭。从 1998 年开始，先后被七家法院交叉查封，形成了长达十几年的"烂尾楼"，给本地区带来恶劣环境，造成不良社会影响。在这期间有过的几次整合，也是以开发大量的商务办公建筑为主，对外开放的程度很小。2013 年，有关专家提出"关于保护金中都宫城遗址，辟建鱼藻池公园的建议"。最终建议由政府收回开发商闲置的烂尾地块，在这一个背景下我们开始了鱼藻池遗址公园的设计。

鱼藻池遗址公园的价值在于水面，原来的宫殿遗址几经建设性毁坏已荡然无存，周边环境更是多次变迁。因此文物部门的批示意见是加强保护，按历史原貌恢复水面，现有水面不要减少，同时还应尽量扩大。

6.4.2 鱼藻池遗址的研究价值与恢复意义

鱼藻池是北京最早的皇家园林遗址，是现存金中都宫苑遗址唯一的一处遗存。通过考察鱼藻池与金中都宫苑的密切关系，可以根据鱼藻池的位置推测出金代都城的主要宫殿——大安门和大安殿的相对位置，因此极具历史和考古价值。

6.4.3 鱼藻池历史演替过程

自辽代起，南京城内有瑶池，瑶屿上有瑶池殿。

金中都鱼藻池其前身为辽代瑶池。公元 1150 年，金海陵王完颜亮迁都燕京，在辽燕京旧城的基础上，重建城池、营建宫殿，还在辽皇城中瑶池及其西侧一带湖泊的基础上

辽代起，燕京城内有瑶池，瑶屿上有瑶池殿。

金代兴建城池、营建宫苑，瑶池改名鱼藻池，增建殿阁，成为金代宫中一所景色、建筑优美宏丽的御苑。

元代，作为金中都皇家园林的河湖水系遗迹依然完整，而且景色宜人，是居住在元大都内的贵族、文人去"南城"游览金代皇家御苑的最佳去处。

明代，鱼藻池仍是出外城西部幽雅的去处，此时的鱼藻池仍然保留环形水面，官府利用周边土地，种植蔬菜，故又名"菜户营"，一派田园风光。

清朝末年，修建京张铁路，设立广安门客货站，铁路挤占了鱼藻池西北面的园地和水面，环形水面变成了马蹄形。

民国后，根据《北京市宣武百科全书》记载，1915年以后，广安门外双合盛啤酒厂修建，鱼藻池湖心岛上为外籍技师修建一座二层小洋楼。

鱼藻池历史演替过程

文物专家现场考古踏勘

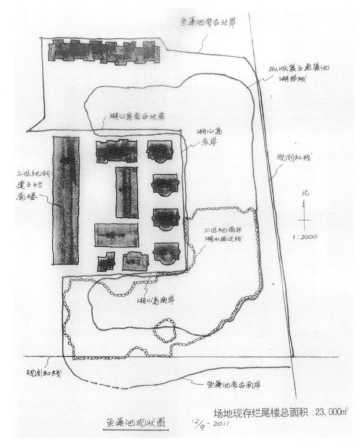

现状烂尾楼示意图

现状照片

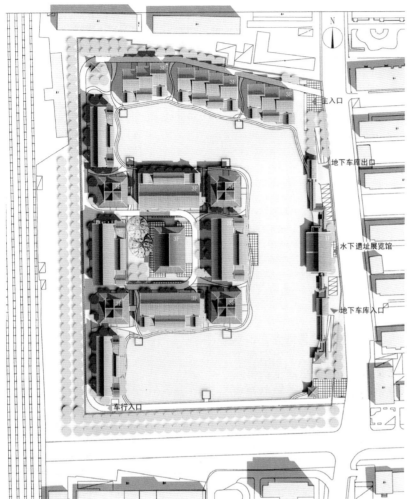

原来的设计方案

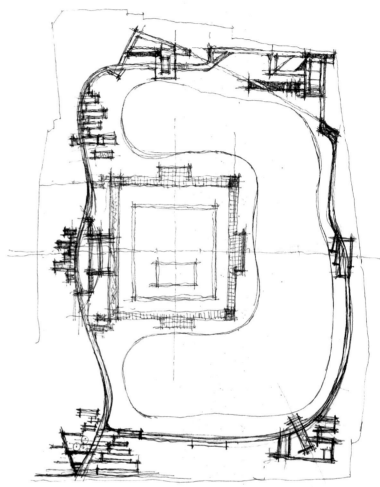

手绘方案稿

原来设计方案的效果图

布满建筑的原设计方案

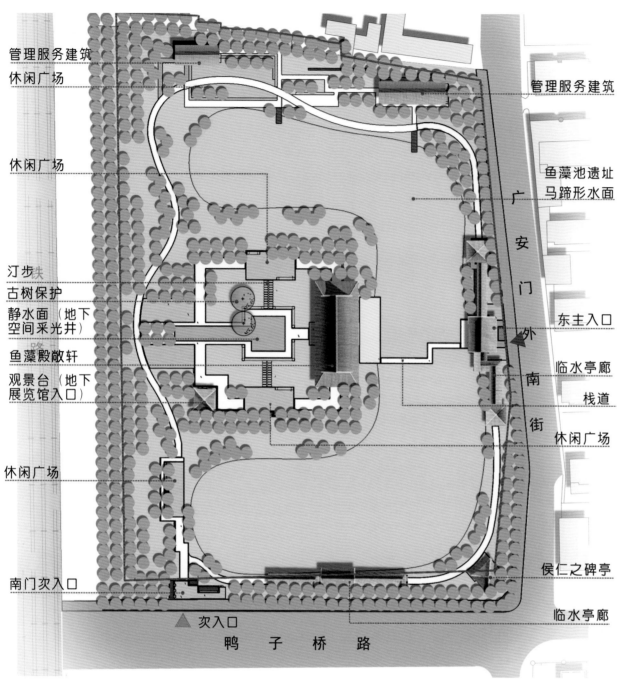

管理服务建筑
休闲广场

休闲广场

汀步
古树保护
静水面（地下
空间采光井）
鱼藻殿敞轩
观景台（地下
展览馆入口）

休闲广场

南门次入口

管理服务建筑

鱼藻池遗址
马蹄形水面

东主入口

临水亭廊
栈道
休闲广场

侯仁之碑亭

临水亭廊

广安门外南街

▲ 次入口

鸭 子 桥 路

方案平面图

建成苑囿，以宫城西门玉华门为界，内为琼林苑，外为同乐园。瑶池位于宫城内琼林苑南部，水池与宫外同乐园中的众湖水相通，又将瑶池及众多湖统称为太液池。

金海陵王在增建辽代瑶池宫殿的同时，重修了瑶池殿，新建了恒翠殿、瑶光台、神龙殿等；到金章宗时，瑶池改名为鱼藻池，瑶池殿改叫鱼藻殿，在琼林苑中又增建蓬莱院、蓬莱阁、蕊珠宫、蕊珠殿、龙和宫、龙和殿等。

元代，作为金中都皇家园林的河湖水系遗迹依然完整，

而且景色宜人，是居住在元大都内的贵族、文人去"南城"游览金代皇家御苑的最佳去所。

6.4.4 鱼藻池遗址现状及保护建议

金中都鱼藻池遗址，位于今广安门南白纸坊桥西侧200处，现名"青年湖"。现存鱼藻池遗址占地约5hm²，残存水面遗址为马蹄形，面积约1.5hm²。原水面已干涸，马蹄形水系北半部已填平，南半部湖面遗迹仍可见。基址内现存

公园鸟瞰图

东门区鸟瞰图

南门区效果图一

南门区效果图二

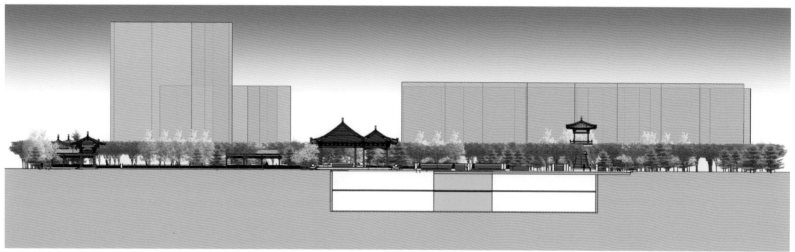

剖面图

鱼藻池效果图

鱼藻殿静水面

烂尾楼11栋。遗址内有侯仁之先生撰写碑文一处，现状有2株国槐古树。园内杂草丛生，破败不堪。

1. 水面应尽量扩大

鱼藻池的价值主要是水面，宫殿遗址几经建设已荡然无存，环境更是多次变迁，因此保护鱼藻池要求水面不能减少，而且必须尽量扩大，水池岸应向北侧再拓10m左右。加强对金中都太液池遗址的保护，按历史原貌恢复水面，水面的恢复保证不小于15000m²，水深1.2~1.5m，湖底防渗处理采用传统材料和工艺，湖心岛堤岸和湖堤岸的保护边界线依据古勘测发掘结果确定，不得缩减。

2. 恢复鱼藻池遗址

将金中都文化遗址串联成线，形成金中都文化遗址游览展示区。鱼藻池遗址公园的建设将为北京历史文化名城再添新景，在北京西南形成包括：蓟城纪念柱、金中都纪念阙、鱼藻池公园、金中都公园等在内的"金中都文化遗址游览展示区"。

6.4.5 鱼藻池公园设计方案

1. 设计要求及变化过程

金中都鱼藻池遗址是北京现存的金中都宫城的唯一遗址，是研究金中都城宫室的重要实物，应按历史原貌恢复

水面，同时在地下建设一座小型的辽金时期文化展览馆。

对这个场地的第一次设计，是现状11栋烂尾楼的别墅住宅；第二次设计，突出了高端商务办公和商业服务功能；第三次设计，才转到了以结合遗址展示文化，注重休闲的公园主题。我们的设计多依据不同的功能要求分为五类空间，分别为入口空间、遗址空间、展览空间、休闲空间和办公空间，兼顾了现实各方面的客观需求，较好地解决了遗址、休闲、文化和商业间的均衡关系，我们的方案立意为"瑶池胜境"。

2. 概念设计方案——瑶池胜境

天光云影，水云之间构建一处可游、可观的意境空间。保留鱼藻池水面形状，恢复其金代鱼藻殿建筑，将展览馆设计成地下展示空间。

3. 主要文化节点——碑亭

在湖的东南角静静地耸立着一座古朴的碑亭，石碑上面刻的是侯仁之先生专门为此地而撰写的碑文，是公园建设的核心价值和依据，全文如下：

"金中都城宫苑遗址可见者，唯鱼藻池一处。其地原在宫城内之西南隅，西隔宫墙与皇城内西苑之太液池一脉相通，同为皇家邀宴之所。鱼藻池内筑有小岛，上建鱼藻殿，风景佳丽，自在意中。泰和五年端午节，金章宗拜天射柳，

鱼藻殿前庭效果图

鱼藻殿效果图

欢宴四品以上官员于鱼藻池。事载《金史·章宗本记》,去今适满七百五十周年。而今历经沧桑,宫苑古建荡然无存,仅得鱼藻池遗址,即今青年湖。近年营建西厢工程,于鱼藻池东约二百米,发现大型建筑遗址夯土层二处,南北相值,可以确定为金中都大安殿与大安门故址所在。鉴于鱼藻池遗址与研究金中都城宫苑方位密切相关,已列入北京市文物保护单位。"——一九九三年十月一日立石

4. 主体建筑设计——鱼藻殿

恢复原来岛上的鱼藻殿作为主体建筑,采用金代建筑风格,平面布局结合静水面,更加映衬出建筑当年的恢宏气势。圆形和方形有机结合,也隐喻中国古代天圆地方的哲学理念。地下主体建筑为历史文化展览馆,展览金代皇宫的营建和历史资料。

5. 主景空间序列——两条游线

从主入口空间入园后形成两条游览空间,一条通过曲折步道和水下通廊两条路径进入鱼藻殿和地下展馆,运用一系列景墙来营造出步移景异的丰富景观空间,给游客留下深刻的观展体验;另一条通过环湖路的引导体会鱼藻池的平阔宽广,沿湖设置文化休息节点,核心景观是侯仁之先生撰写的碑亭。

6. 水体设计——恢复鱼藻池旧貌

鱼藻池设计水面15000m²,保留原来历史上朴野自然的形态,设计平均水深1.3m,容量约20000m³。设计水源来自西侧护城河,通过泵站及地下给水管线供给。同时,在湖区东北侧设置污水处理站,对湖水进行净化处理。

7. 种植设计

琼林苑中有瑶池、蓬瀛等景点,出宫城西门玉华门外为同乐园,同乐园中有柳庄、杏村等景点。金时,帝王常在同乐园拜天射柳、在鱼藻池赏荷、在鱼藻殿宴赐群臣。依据这些环境描述,公园的植物景观特色为:荷花、山杏、垂柳。

6.5 大都盛世——元大都城垣遗址公园（元代）

项目地点：北京市朝阳区

用地面积：113hm²

设计时间：2003 年

获得奖项：2004 年度北京园林优秀设计一等奖、2004
年度建设部中国人居环境范例奖

我们今天看到的残存的土城遗址，曾是中国古代建筑史上辉煌的杰作。因此，元大都城垣遗址公园设计着力表现的是文物保护、文化传承、城市景观与生态修复以及大众休闲等几个重要方面。

6.5.1 概况

元大都是由元世祖忽必烈，用了 9 年（1267~1276 年）时间修建完成的。距今 740 余年。城墙用土夯筑而成，俗称土城。总长度达 28km。它是中国历史上第一座整体设计和修建的都市，是当时世界上宏伟、壮丽的城市之一。不仅开创了中国古代建筑史的先河，还书写了灿烂辉煌的文明与文化，此后的明、清两朝都以元大都为基础，改建、扩建了皇宫。元代土城能遗存至今，是因为明代建都时为了便于防守，将元大都城空旷的北部废弃，南缩 2.5km，在今德胜门一线重筑新城，被遗弃的北城逐渐荒废坍塌，护城河道堵塞。这处重要的遗址，早在 1957 年就被列为北京市重点文物保护单位，1988 年之前，被称为"土城公园"，1988 年开始有了元大都城垣遗址公园的命名，并形成了初步的绿化格局。

改造前的两岸场景

改造前的与元土城主题完全不符的百鸟园

现状流失坍塌的土城

被挖断的土城遗址

拆迁后留下的建筑垃圾

现场踏查

6.5.2 地理位置及前期准备

　　元大都城垣遗址公园全长 9km，分跨朝阳和海淀两个区，宽度 130~160m 不等，总占地面积约 113hm²，是当时京城最大的带状休闲公园。小月河（旧称土城沟）宽 15m，从东至西贯穿始终，将绿带分为南北两部分。改造前的现状虽有一些园林景点，像蓟门烟树、紫薇入画、海棠花溪、大都茗香等，但整体杂乱无序，环境脏乱，这些优美的景观有名无实。2003 年，北京为了迎接 2008 年奥运会，市政府确定把元大都城垣遗址公园作为奥运景观重点工程，要求表现城市文脉、突出绿色生态、建设园林景观。

　　方案首先分别由两个区分别各自进行了招标，由于可操作性和深度不够等原因，没有评出一等奖。而后，两个区同时委托我公司进行重新调整深化直至完成。我们接手后，最关键的问题是强调它的统一性和连续性，由于是两个区分段管理，各自施工，前方案又是各区自行分段招标，难免各有偏重和雷同，缺乏整体的协调呼应。重新调整的方案，将两段土城统一规划，以新的设计理念及空间结构，使整体脉络简洁、清晰。并于 2003 年 2 月通过市长办公会同时开始整治，工程于同年 9 月完工。

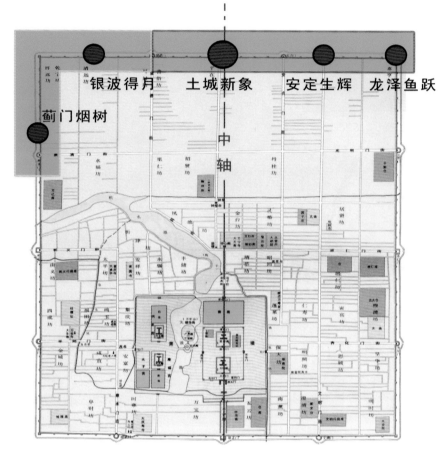

元大都平面及公园位置图

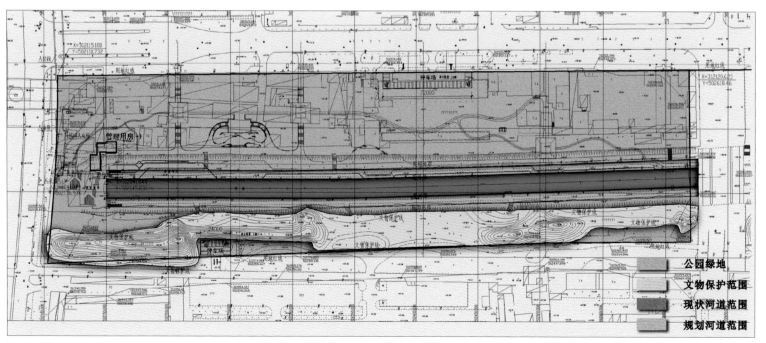

文物保护

6.5.3 保护与利用的双赢

时代在变迁，无论是历史与自然环境、还是社会与经济环境都发生了巨大的变化，设计的关键是在保护遗址与满足社会和公众需求之间找到恰当的结合点，使遗址得以再生，获得"第二次生命"。它应该是基于遗址本体及环境文化形象地延续和展示，保护的最终目的也是为了利用好这些宝贵的遗址，使这些遗产成为我们现代生活的一部分，为社会服务。

公园作为北京奥运景观工程的一个重要组成部分，是集历史遗址保护、市民休闲游憩、改善生态环境于一体的大型开放式带状城市公园。

6.5.4 公园的三条主线

三条主线为土城遗址、绿色景观及文化休闲，并由五个重要节点（即蓟门烟树、银波得月、古城新韵、大都鼎

土城墙遗址保护及展示

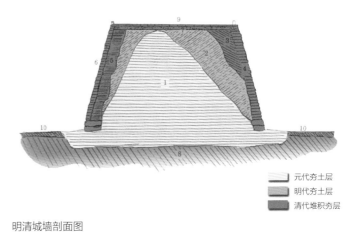

元代夯土层
明代夯土层
清代堆积夯层

明清城墙剖面图

土城墙遗址展示

元代土城剖面图

元代水关遗址保护

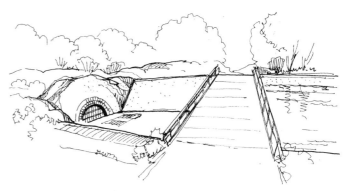

水关遗址保护及展示方案

历史文脉之廊

绿色生态之廊

文化生活之廊
朝阳段景区平面图

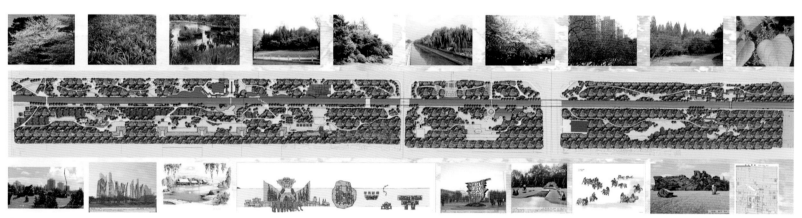

海淀段景区平面图

海淀段 - 大都建典雕塑群方案

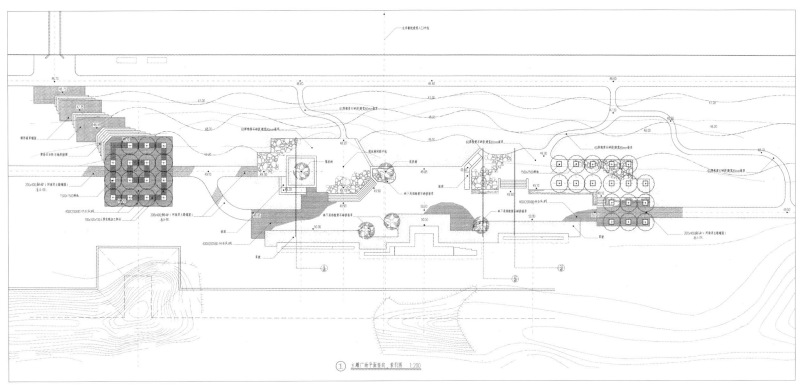

海淀段大都建典景区平面图

海淀段景区布置图

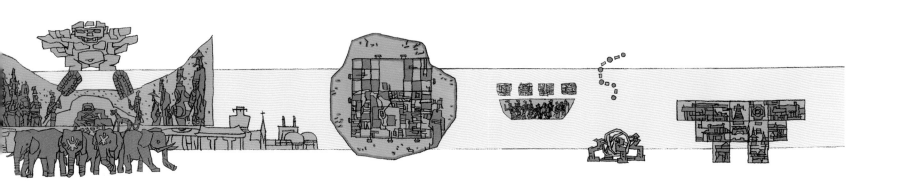

盛及龙泽鱼跃）组成，点线结合，景点设计因地而异、穿插其间主次分明，使土城遗址、文化景点与城市的关系得到融合。

1. 保护、整修土城遗址，提升其历史价值

土城作为元代重要的历史遗存，本应得到认知与重视，但是我们当时见到的是一片荒芜，长期的任意取土、侵蚀坍塌、无知践踏，使昔日雄浑的土城面目全非，与普通的土山没什么区别。在踏勘现场时，深为这样雄浑宏伟的历史没有得到尊重而感到遗憾。我们认为首先应提高人们保护和尊重文物的意识，我们专门请文物部门划定了文物保护线并钉桩，勾画出土城基本位置的痕迹，在保护范围内，实现传统文化遗产应有的社会价值。为此我们设计了围栏、台阶、木栈道、木平台及合理的穿行、游览路线，避免继续踩踏土城，同时普遍植草，起到固土、护墙的作用，并在坍塌的地方做断面展示及文字说明，整修的重要节点为蓟门烟树、水关及角楼遗址等。

2. 构建植物大景观，形成特色花季

改造护城河，创造亲水环境，这条线包含了两部分内容：亲水景观和植物景观的设计。现在的小月河又称土城沟，其位置是原来的土城护城河。史料记载当时的护城河宽窄不一、深浅不一，新中国成立后被改为钢筋混凝土驳岸，并被作为城市的排污河，完全失去了自然感。因此我们的设计就需要结合截污工程，全力恢复原有的野趣及亲水的感觉，先将原来的河岸降低，形成斜坡绿化，同时结

朝阳段龙泽鱼跃景区平面图

海淀段局部平面图

合景点设计将河道局部加宽，并种植芦苇、菖蒲等水生植物，形成朴野的自然景观，加宽的局部也可作为码头全线通船。另外，在全线设置了多处临水平台和休息广场。

利用带状空间特点，强调植物大景观，是我们一直采用的设计手法，它可以快速有效地改善城市密集区的生态环境。土城公园是市级绿化隔离带，相当于城市大区间的一条绿色的屏障，同时作为城市的开放空间，与城市又有

9km 长的连接界面，使这一区域成为重要的城市流动空间的景观，强化植物的色彩和季相变化是最好的表现方式。其中的"海棠花溪"，集中连片种植了约 5000 株海棠，形成的海棠花节，已成为京城最著名的赏花景点。在全线像这样利用带状绿地优势，大尺度、大空间、成带、成规模地形成色彩变化的植物大景观还有：杏花春雨、蓟草芬菲、紫薇入画、城垣秋色等。

朝阳段 – 大都鼎盛景区夜景效果图

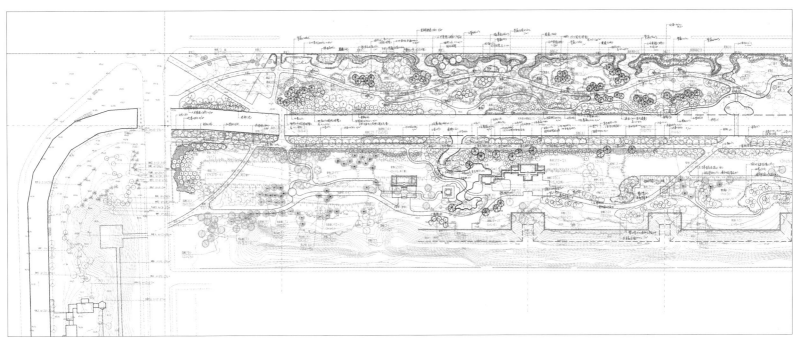

海淀段 – 蓟草芳菲景区施工图

3. 融入元文化主题，提高大众休闲品质

在尊重历史、保护和延续遗址的同时，不应脱离现实生活，应尊重和满足现实大众文化生活的需求，也是遗址公园的基本功能。如果忽视了利用，就会淡薄人们对这段历史的关心。因此我们在设计时，除了要表达这片土地固有的文化记忆外，还应适当加以引申和补充，使人们从中得到感染和启发，起到普及和提升元代文化的感染力的重要作用。

已经遗存740余年的土城之所以在后来很长一段时间一直未引起人们的重视，原因之一是它与最初16m高时的

形象已相差甚远，现状多为3~5m的土山，再加上杂树遮掩，感觉非常平淡，缺乏视觉冲击力，很难使现代人感受到昔日土城的辉煌。因此，我们在设计中，特别是在竖向景观处理时，利用雕塑、壁画、城台及各类小品的形象和艺术语言，以局部的高耸和宽阔来打破整体数公里的绵延与平淡，这种视觉景观的强烈对比，必然产生现代人对历史的探寻与敬仰的兴奋点，而这一点，正是我们设计的初衷和

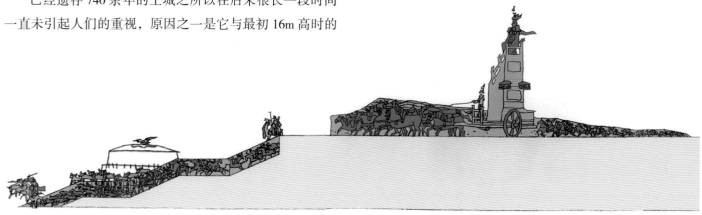

朝阳段－大都鼎盛之元军出征雕塑方案

朝阳段－大汗元妃亭设计方案

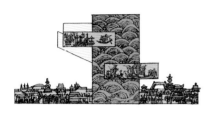

朝阳段 – 大都鼎盛主体雕塑方案

元代各种人物造型

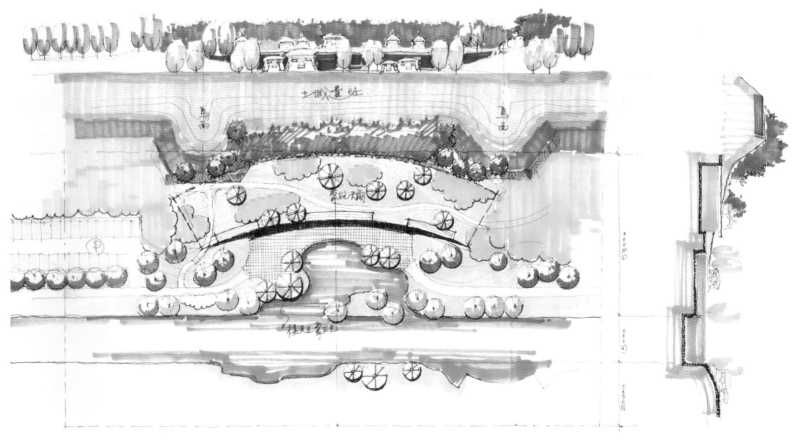

沿河建筑方案

元土城《双都巡幸》浮雕整体方案

朝阳段双都巡幸浮雕墙方案图

海淀段铁骥雄风雕塑泥稿

作品材质——花岗石、铸铜

安定门节点元文化柱方案

土城马面广场－金戈铁马方案

土城马面广场－银碗方案

目的所在。我们设计了与土城气势相同的带状巨型雕塑群，其创意是感觉群雕犹如从土城中生长出来一样，风格粗犷有力，质朴自然，材料选用近似黄土的黄冈岩以及黄砂岩，以期与土城融为一体。这样的大型景观在海淀、朝阳区各有一处，分别都位于两区绿化队拆迁后的空地上，主题为"大都建典"和"大都鼎盛"，设计将这两组大型群雕的功能定义为"露天博物馆"，在这里不论室内外，都可以使人感受到元代社会发展的一些历史面貌与片段，那个时代的宫廷与街市、文臣与武将、礼仪与服饰等许多饶有兴味的历史故事，在现代园林中的遗址公园这一类型中，得到了很好的诠释和彰显。更重要的是，利用现代园林反映元世祖忽必烈为中华民族大家庭和建设北京城做出的丰功伟业，这种社会文化的功能与现代园林的完美结合，可谓是相得益彰，互为辉映。

另外，表现元文化主题的另一个设计手法是文化展示台的设置，我们依据元土城每隔 100m 设计一个城台（俗称马面）的建筑特点，在土城的北岸隔河相望的地方，同样每隔 100m 设计了一个 9m×9m、高 1m 的元文化展示台，共有 10 余处，横向贯通沿北岸形成连续的景观系列。布置能反映元代在文化、军事、经济等方面所取得成就的文化小品，体量较小、设计精致，与前面的两组大型组雕形成点线结合，大小呼应，丰富和提升了整个公园的环境品质。

6.5.5　设计体会

元大都遗址公园是局部展示性保护的范例，依托遗址形成了带状公园，突出植物绿化，穿插水景广场、艺术小品，既体现了城墙遗址的历史文化主题，强调其空间的阅读性，重新认识并建立历史延续的记忆空间，是"活的记忆"，又是满足社会与大众休闲的综合公园。

本次整治使人文景观和生态环境都得到了全面提升，最直接地提高了元代土城和元代文化的影响，使北京出现了第一个系统体现元代文化的遗址公园，使北京园林由以前主要体现明清文化风格的形制，又至少向前推进了百年以上，成为了元、明、清的北京园林格局。

改造后水清岸绿，文化休闲融于其中

改造后小月河不仅还清，还增加了游船功能

拆除原来的高挡墙做成错台叠水，形成亲水景观

利用层台叠水将河道景观向两岸延续

改造后的河岸，层层跌落朴野自然

石片墙和水生植物的结合

自然的河坡与船形亲水平台相结合

拆除高挡墙后做成亲水平台景观

蓟草芳菲自然山水园

利用原有大柳树设置亲水舞台景观

与大都盛典隔河相望的亲水平台景观

大都建典景区之元帝入城主题雕塑

大都建典景区植物景观

安缰盛世景区

文化小品－草原风光

双都巡幸景区一

大都鼎盛景区全景

双都巡幸景区二

双都巡幸景区三

元军出征

元帝及元妃雕塑

反映蒙古族风格的休息广场 – 蒙古族形象的休息亭及羊群

元代工匠及壁画

具有蒙古族风格的大汗及公主亭，别有情趣

独特造型风格的公主亭

独特的大汗亭

元文化系列小品之安定门元文化柱

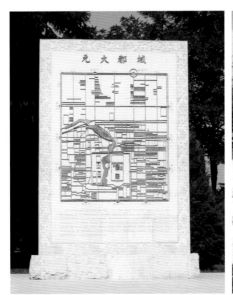

元文化系列小品之元大都城池地图

元文化系列小品之古石碑广场

元文化系列小品之青花瓷

元文化系列小品之元代钱币

元代青花瓷

元文化系列小品之元代陶瓷

元文化系列小品之元代兵器

元文化系列小品之车轮、铜炮、马鞍

元文化系列小品之弓箭盾牌

元代风格的跨河景桥

海棠花溪

海棠花下休闲，感受花树行云

海棠花溪休息广场

除了西府海棠外，引入新品种海棠，丰富并延长花期

海棠花径

休闲广场细部处理　　　　　　文物保护与文化小品结合－水关遗址外寓意河道的旱溪景观　　文物保护土城剖面展示

海棠花溪的观花台　　　　　　　　　　　　　土黄色干垒块形成花台

用植物和地形作为与城市的隔离　　　　　　　用植物景观作为与城市的软隔离

6.6 红墙留影——明皇城根遗址公园（明、清时期）

项目地点：北京市东城区

用地面积：7hm²，长 2400m，宽 29m

设计时间：2001 年

获得奖项：2001 年度北京园林优秀设计一等奖

6.6.1 鲜为人知的皇城

在紫禁城外与内城之间，还有一座在今天鲜为人知的、但在历史上有重要地位的特殊城池，就是北京城垣中唯一由红墙黄瓦围成的皇城，周长 9km。

北京皇城形成于元代，距今有 700 多年的历史，它是环绕和拱卫皇宫的一座城池，是为皇室提供各种服务和生活保障的、全封闭的特殊城池，城中所有建筑的功能只是专门服务于皇帝和皇宫。

在北京城的三重格局中，紫禁城保留完好，内、外城界被拆掉，但大体以今天的二环路为界。唯有皇城，自民

国初年开始和解放初期先后遭到大规模破坏性改造，城墙被毁坏拆除，人们在此搭屋建舍，前后不过几十年，一座宏伟壮丽的皇城几乎荡然无存，一些微小的残存也随着时间的流逝，不得不渐渐退出了人们的记忆。

2000 年，在王府井大街二期工程中，人们发现了明代东皇城墙的多处遗址，引起政府相关部门的高度重视。由此，拉开了皇城保护的序幕，引发了建立一处皇城遗址公园的设想。

6.6.2 场地的格局与概况

场地的格局呈南北带状，全长 2.4km，完全位于在明、清皇城东面的遗址之上。之所以叫皇城根。我理解，地面以上的城墙因遭毁坏损失殆尽，而地面以下仍有残存，就好像人的烂牙根一样，所以被人们俗称为"东皇城根"。这块场地西邻南北河沿大街，东依晨光街，南起东长安街，北至平安大街，东西宽窄不一，平均宽 29m。场地内局部竖向高差有 2~3m，表现了明、清、民国和现代至少 4 个不

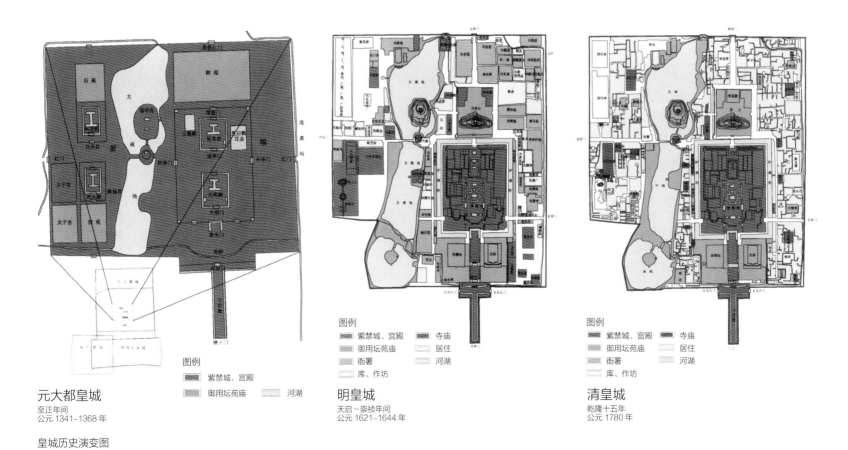

图例

■ 紫禁城、宫殿

■ 御用坛苑庙

□ 河湖

元大都皇城

至正年间

公元 1341~1368 年

图例

■ 紫禁城、宫殿　　■ 寺庙

■ 御用坛苑庙　　　□ 居住

■ 衙署　　　　　　□ 河湖

□ 库、作坊

明皇城

天启~崇祯年间

公元 1621~1644 年

图例

■ 紫禁城、宫殿　　■ 寺庙

■ 御用坛苑庙　　　□ 居住

■ 衙署　　　　　　□ 河湖

□ 库、作坊

清皇城

乾隆十五年

公元 1780 年

皇城历史演变图

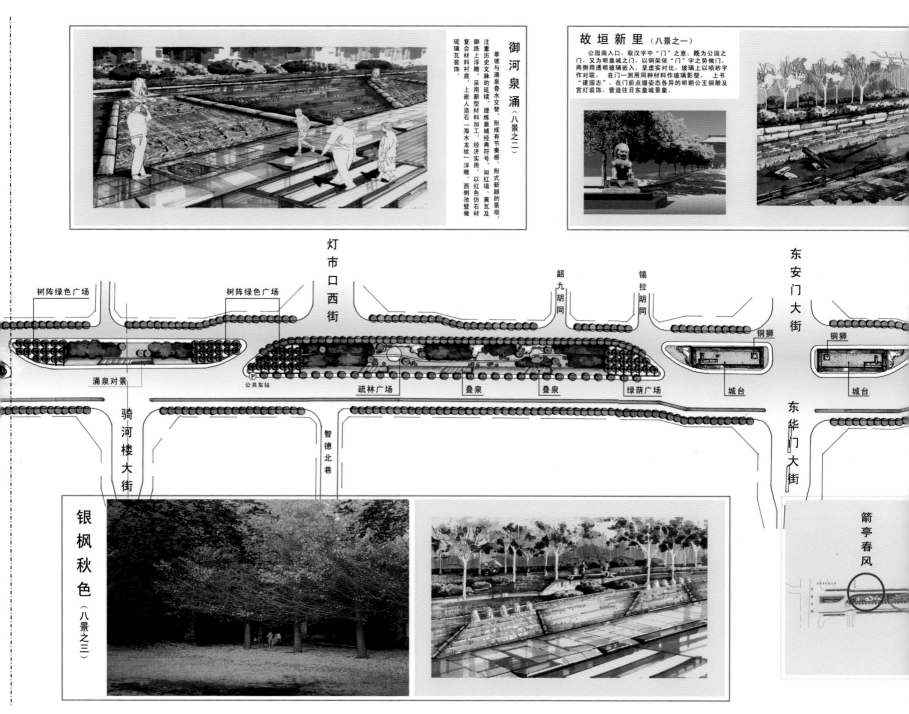

御河泉涌（八景之二）

草坡与涌泉叠水交替，形成有节奏感、形式新颖的景观。注重历史文脉的延续，提炼皇城经典符号，如红墙、黄瓦及御路上浮雕；采用新型材料加工，经济实用，以红色仿石材复合材料衬底，上嵌人造石「海水龙纹」浮雕，西侧池壁做琉璃瓦装饰。

故垣新里（八景之一）

公园南入口，取汉字中"门"之意，既为公园之门，又为明皇城之门，以铜架依"门"字之势做门，两侧用透明玻璃嵌入，呈虚实对比，玻璃上以喷砂字作对联，在门一测用同种材料作玻璃影壁，上书"建园志"。在门前点缀姿态各异的明朝公王铜雕及宫灯装饰，营造往日东皇城景象。

灯市口西街

韶九胡同

锡拉胡同

东安门大街

树阵绿色广场

树阵绿色广场

涌泉对景

公共车站

疏林广场

叠泉

叠泉

绿荫广场

铜狮

城台

铜狮

城台

骑河楼大街

智德北巷

东华门大街

银枫秋色（八景之三）

箭亭春风

公园南段规划设计总图

方案创意：

1. 本方案注重历史文化内涵的挖掘，同时把握时代精神和以人为本的原则，精心设计。以绿化一条线和八个不同功能的景区构成带状公园。

　　八个景区——故垣新里、御河泉涌、银枫秋色、皇城掠影、松竹冬翠、箭亭春风、阳春广场、群星广场。

2. 突出园林绿化，把自然引进城市，改善城市生态环境，用植物造景美化城市。

3. 综合考虑的原则：站在城市整体规划与城市景观高度，处理好公园与交通、公园与沿街建筑立面关系。

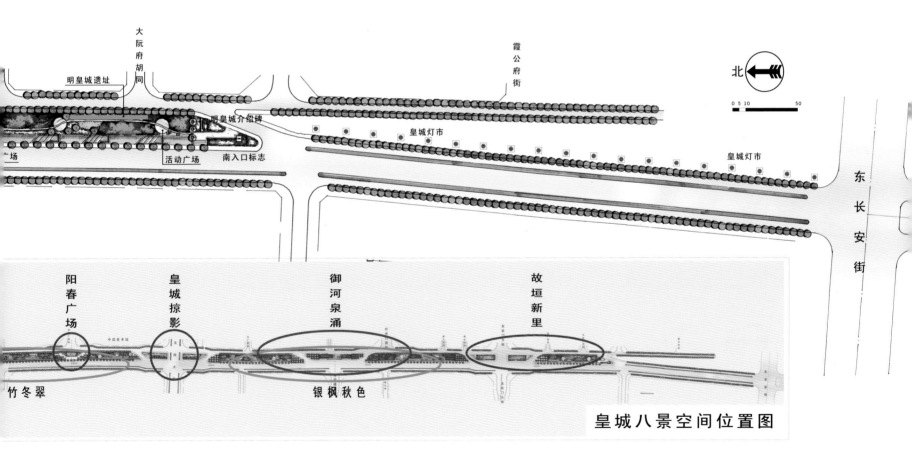

皇城八景空间位置图

同的历史时代的城市变迁。总面积有 7hm² 之多，现状是一片令人心酸感慨、参差破败、私搭乱建的棚户区。

6.6.3 遗址公园的设计定位

时代发展与历史古都的关系、时尚都会与历史文脉的关系、人流穿城与文化遗存的关系，以及现代都市功能、历史文化表现、生态效益指标等等，无不说明这是一处集多种功能与需求于一体的、积淀了深厚皇城历史文化的都市绿地。因此，我们对于这块重要场地的设计定位，不是完全重现旧貌的恢复，而是要在展示皇城遗址独特、古朴、厚重的同时，将时代气息有机地融入其中，形成一处将传统文化与现代生活交相辉映的城市开放空间。应该说这项

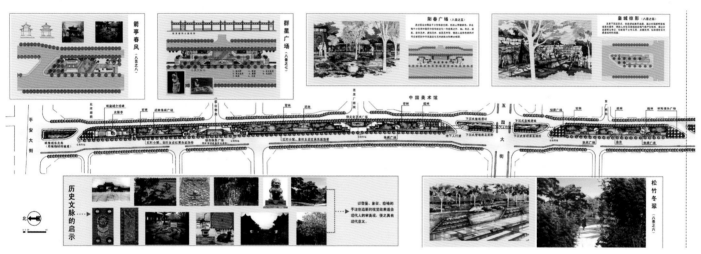

公园北段规划设计总图

休闲广场节点效果图

中法大学节点效果图

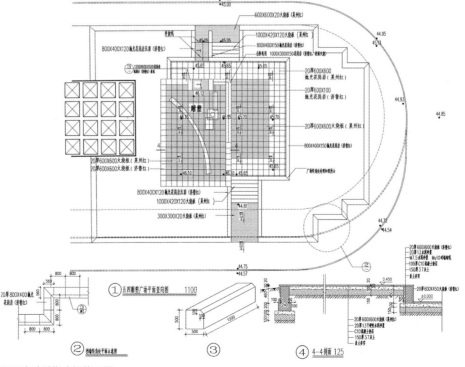

五四丰碑雕塑广场施工图

设计是旧城改造、改善生态环境与保护历史文化风貌相结合的一次创新和尝试。

6.6.4 几个重要的文化节点

全线由南向北将皇城遗址、北大红楼、中法大学及四合院，以雕塑小品及休闲广场的形式，用 7 处文化节点串联在一起，犹如一条绿色的文化休闲长廊，内容丰富，穿越古今，回味无穷。7 处节点分别为：金石漱玉、皇城遗迹、庭院情趣、五四丰碑、文苑清幽、茶室遗兴、红墙新韵。

其中的皇城遗址节点是位于东安门遗址上的南北两个下沉广场，广场底部就是明代真实的地平面，广场内原状展示了皇城墙的基础、东安门的磉礅和望恩桥的燕翅等珍贵文物，我们用巨大的现代构件来保护和展示历史文化的残存片段，这种科学技术和思想进步引起的古今对比，不仅使人能身临其境感受到古城的沧桑巨变，还能使人们感受到现代园林理法与技法的独特魅力和设计者的独具匠心。

6.6.5 植物景观特色

公园首先就地保留了几十株古榆树和国槐，新栽植了数千株大乔木，在古城核心区形成了一道浓郁的绿色氧吧。以自然风景林的自然配植方式打破以往带状公园分段式的季相节奏设计，将四季景观在全线均布，使游人在全园各处均能感受到季节的变化，在广场上用树阵方式栽植，利于交通和活动。整体植物景观体现出了植物种类丰富、种植形式多样和注重色彩搭配 3 个特点。特别是用色叶树银杏、元宝枫和紫叶李、红碧桃等体现北京皇城特有的"红墙黄瓦"的色彩特质，同时全线打造的四季主题有梅兰春雨、御泉夏爽、银枫秋色、松竹冬翠等。

6.6.6 "整合"理念下的设计效果

站在全方位角度对城市开放空间进行整合设计。首先，从时间上。用发展的视角去看整个过程，不是停留在某一点上，也不只局限于某个时期，这样可以将历史与现代联系起来；其次，从空间上应当站在高点和宏观，从整个城市、区域到特定的场地，不能只从局部去看问题。另外从功能上应

当从景观、生态、休闲、市政、交通、城市功能等全方位进行规划设计。不仅仅局限于设计公园就考虑公园，公园是城市的有机组成部分。皇城根遗址公园不仅是对公园内部空间的合理设计，更是对城市开放空间的全面整合。

公园建成后，完善了周边的市政基础设施，改善了交通状况及周边数千户居民的生活环境。公园宛如一条连接紫禁城和王府井商业区的绿色飘带，以"绿色、历史、人本"为主题，在繁华闹市营造出了既清新精致又内涵丰富的现代城市环境。

公园北入口－原址原工艺恢复的一段红墙

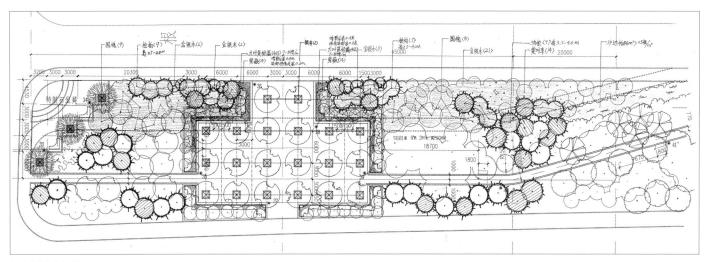

银杏树阵广场施工图

南入口金石漱玉广场平面图

北入口广场 - 感受皇城的庄严大气

北入口广场夜景

远眺紫禁城，近看公园美景

公园绿地如诗如画的景观效果

银杏树林下的散步道

面向城市开放空间的绿色廊道

公园春景－玉兰

公园夏景－竹林、紫藤架

翠竹掩映

与中法大学相呼应的欧式花坛

公园春景 - 盛开的海棠

公园夏景 - 浓荫的国槐林

公园春景 - 梅兰春雨

公园冬景 – 松竹冬翠

公园秋景 – 银杏漫步路

公园秋景 – 银枫秋色

公园秋景 – 银杏树阵广场

巧妙利用现状高差设计的带状水池，形成了独具特色的城市景观

沿城市主干道每 40m 设计一处斜坡漫水，全线共 10 处，构成有节奏的序列景观

御泉夏爽景点 – 每一处漫水池图案各异体现不同的内容和主题

漫水池与背景的竹林山石形成围合

金石漱玉景点跌水墙

设计之初根据北方特点，充分考虑了水池没有水时的
浮雕景观效果

漫水池的细部 – 每种不同形式的图案形成
完全不同的水花效果

水池隐藏在绿地以中，结合涌泉使沿街
道一侧形成丰富的景观

文化系列之皇城遗迹，为展示东安门遗址的下沉广场

利用下沉广场的外墙设置了反映明代此地盛景的壁画

原状展示皇城墙及东安门遗址

南入口金石漱玉广场

文化系列小品之清代皇城地图

文化系列小品之穿越时空

金石漱玉景点夜景

文化系列小品之对弈，反映老北京四合院生活

文化系列小品之五四丰碑

文化小品系列之茶室遣兴

文化系列小品之庭院情趣

文化小品系列之茶室窗景

文化系列小品之露珠

文化系列小品之露珠可当座椅

公园建成后开通的观光游览车

与外侧的胡同四合院相互掩映

展示皇城文化的地下通道

公园夜景

6.7 转角记忆——西皇城根南街绿地（明、清时期）

项目地点：北京市西城区西皇城根南街拐角处的街旁绿地
用地面积：面积 5000m²
设计时间：2014 年

本项目位于西皇城根南街拐角处的街旁绿地，面积 5000m²。这块绿地的特殊价值，在于它的位置正好处于明、清皇城西南城墙拐角旧址。按照历史记载，明代永乐年间建皇城时，计划是一个规整的长方形，但是建成以后，在城墙西南拐角处却出现缺角的独特情景，造成这种情形有两种说法：一是由于元代供皇宫用水的金水河流经此处，因此皇城的西南角无法建成直角城墙；二是由于元代庆寿寺（也称双塔寺，今民航大楼一带）占据了此位置，于是皇城西南城墙从西安门向南，在此分别向东、向南拐了两个角弯，就有了一个西南拐角。20 世纪 50 年代，拆除皇城墙时将这个拐角的基础埋于地下。

现状保留的大树

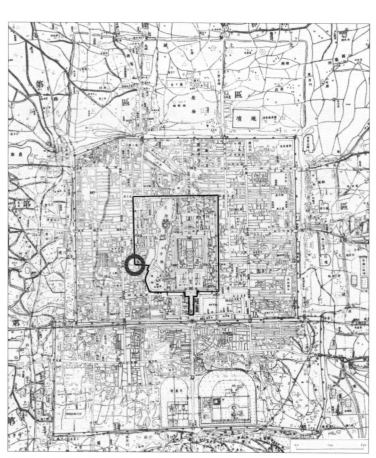

公园在北京旧城图中的位置

现场的文保标牌

现状与历史地段不符的彩色面砖

现场简陋破损的挡墙

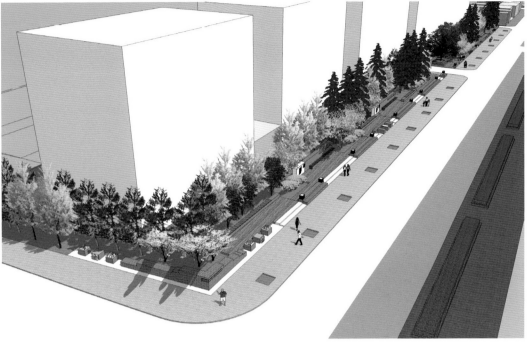

鸟瞰图 – 采用当年的老成砖围合线性空间体现城的印记

用大城砖砌筑的入口景墙

全园采用墙的语言并结合休息设施

带状的形式和线性母题体现城墙印记

休息广场适当点缀文化符号

街旁体现文化休闲花园功能

休息广场结合文化符号

结合出入口和现状大树作为中间节点

南街三角地鸟瞰图

依据这段特殊的历史渊源和典故，我们把设计理念定为"皇城记忆"，依托场地内固有的历史文化信息，通过找寻历史人文符号突出带状绿地的特点，以形成统一的历史街区氛围，提炼皇城的线性符号和色彩。彰显出历史地段的意义和独特的历史价值，整体采用与皇城一样规格的大城砖砌筑的线性的矮墙，使人联想起"城墙记忆"的主题。特别是在历史上的城墙转角处设计了一道模仿城墙的拐角矮墙，完整体现了这一主题立意，彰显并标记出来这一历史痕迹和它特殊的历史价值，墙上刻的"明清皇城西南城墙拐角旧址"，使每天南来北往从这里经过的人们都一目了然地看到原来隐藏在身边的城市记忆。同时又将城墙记忆与绿地的休闲空间结合在一起，用绿化和北侧居民楼之间增加了隔离，减少了公共空间对居民楼的干扰。整体的铺装地面提升了50cm，体现了对地下遗址的保护和尊重。这里的种植特色，以体现"红墙黄瓦"的大气的皇城色彩为主，更多选择以红色和黄色系列树种为主，黄色系以银杏、连翘、棣棠为主，红色系以红叶李、紫叶矮樱为主。

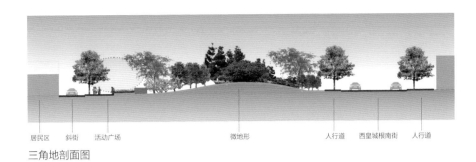

三角地剖面图

居民区　斜街　活动广场　　　　　微地形　　　人行道　西皇城根南街　人行道

三角地效果图

索引图

金钟连翘

重瓣棣棠

银红槭

茶条槭

银杏

西皇城根南街种植特色

银杏树阵和休息设施

保留的斜街肌理的休闲场地

将场地记忆与市民休闲结合在一起

与现状树结合，提供古朴的休闲场地

结合城市道路的西侧入口

寓意皇城城墙拐角的景墙

新颖别致的文化小品

大城砖与青白石结合的小品，显得古朴新颖

与人行道结合，满足城市景观

沿街立面的统一设计

6.8 阜成梅花——西二环顺城公园（明、清时期）

项目地点：北京市西城区西二环东侧

用地面积：7hm²

设计时间：2002 年

获得奖项：2002 年首都绿化委员会绿化美化优秀设计
　　　　　奖、2002 年北京园林优秀设计二等奖

北京阜成门现状与历史上的城门数字合成

公园位于西二环东侧，全长 2000m，宽 35m，面积
7hm²，紧邻著名的金融街。顺城，顾名思义就是顺着城墙
的方向，历史上的老北京沿着城墙附近有多条顺城街、顺
城坊。考虑到城市干道的速度感和城市景观的完整性，公
园整体布局采用简洁大方的直线形布局，呼应金融街现代
的建筑群。由于场地位于阜成门、白塔寺等历史街区，因
此，我们在现代感的空间中融入适宜的文化小品，如驼队、
算盘和古钱币等。使人们在现代都市环境中能感受到老北
京的风土人情。

6.8.1 场地的历史文化

1. 阜成梅花

元、明、清三个朝代的城门及西城墙的位置，阜成门
在元大都时为平则门，旧时京城的用煤多来源自京西门头
沟，此门为骆驼运煤进城的重要通道，常有驼队出入。当
年在瓮城洞壁上镶有"石梅"标记，以"梅"喻煤，以为

徽记，称为阜成梅花，这处有意思的景观不知何时消失。

2. 古代金融

阜成门的东南原为金城坊，始于元代，是元明清三朝
繁华的金融中心，遍布银号、金坊，因此在设计中提炼古
钱币的艺术造型小品及相关图形在铺装中的应用。

6.8.2 设计特色

公园整体以线性元素、线性空间为主题，串联起多个
文化休闲广场、绿地、水景及雕塑等，同时在场地内突出
了餐饮历史文化记忆的文化小品。

1. 文化特色

以反映岁月悠远，古道沧桑的城墙记忆，驼队煤门、
金城坊的金融特色为主，体现场地的过去、现在和未来。

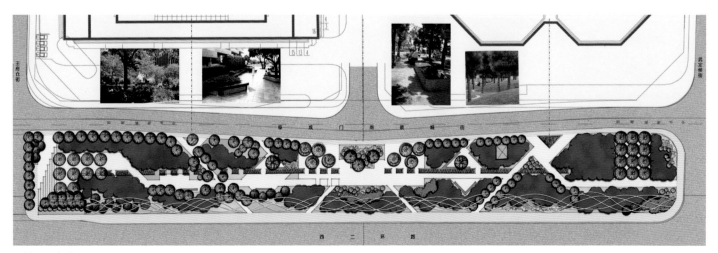

顺城公园阜北段平面图

阜成门老照片 - 驼队进城

绿树掩映的公园实景

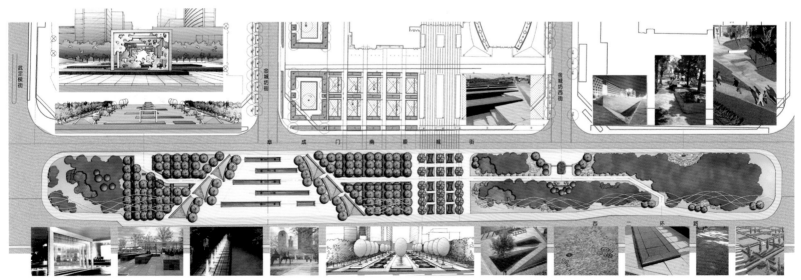

顺城公园阜南段平面图

金融广场现代的弧形座椅

金融广场中心古钱币造型的雕塑形象已成为金融街的 LOGO

金融广场寓意蟠龙的造型灯

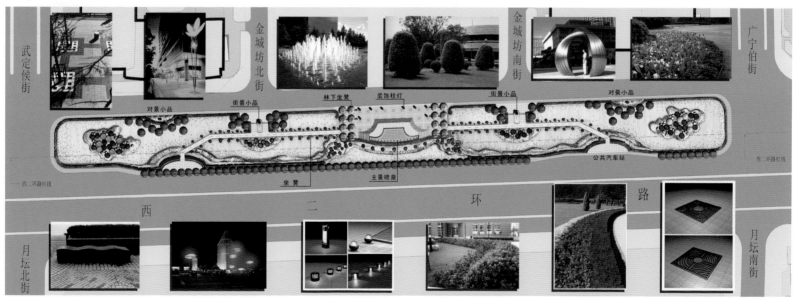

金融广场方案一

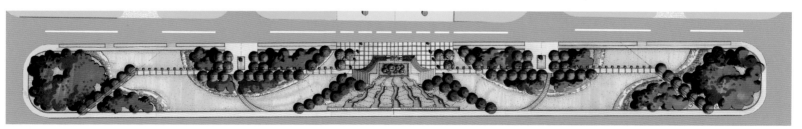

金融广场方案二

2. 金融广场

广场中心是一座以古代刀币造型组合的雕塑，外侧有喷泉，内侧有花坛，有 14 座金色的龙形灯柱围合在广场四周。广场风格融合了传统文化与现代气息，成为独具特色和具有创新体验的城市开放空间。这里特色种植的是以银杏树、银白槭、加拿大红缨等各种色叶植物和花镜绿地，特色的景观是造型喷泉和金色的夜景灯光。而点睛之处是既深刻表现民族传统文化有充满现代时尚气息刀币组合造型雕塑——金融街 LOGO 标识。正是因为整个完美地表现了中华民族和北京的时代特色，表现了北京金融街的主题，也说明了"民族的就是世界的"这一定律。这件雕塑现在已经成为中国金融的标志与形象。

3. 雕塑小品

点缀反映场地文化内涵的小品，如：煤帮入城、算盘及民俗生活等。其中的主要雕塑是一组反映了当时运煤驼队入京进城的场景，颈上的铃铛摇摆作响的"柳条筐在高峰处，阔步摇铃摆骆驼"，再现了阜成门的历史情境和文化特色。

4. 种植特色

种植特色一：整体以连续性的带状、块状种植体现绿色城墙的理念；种植特色二：由于这块场地从古至今一直是京城的金融中心。因此，种植与之相呼应，以金色为特点，采用金花、金叶、金枝、金果为观赏特色，种植以银杏、栾树为基调，树种配以元宝枫、金枝槐、棣棠、金叶女贞、金玛丽月季等；种植特色三：以开阔舒朗的配置方式，不遮挡并映衬出金融街建筑立面。

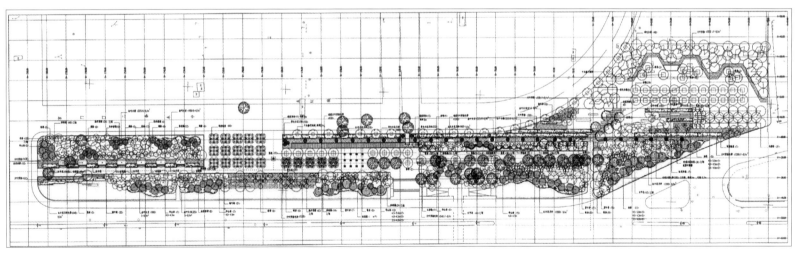

顺城公园阜北段种植平面图

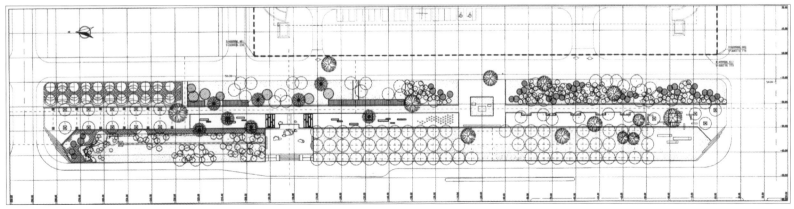

顺城公园阜南段种植平面图

金融广场全景

金黄色的主题雕塑和龙灯成为公园的亮点

保留下来的老槐树和大皂角给新建的园林创造了一丝沧桑感

保留的古树与休息广场结合　　　　　　　　现状大树的保留给规则的带状色块增加了无限生机

种植特色之一：开敞式种植方式　　　　　　开敞式种植不遮挡金融街立面

疏林草地式的开敞式种植　　　　　　　　　带状水池呼应带状种植

种植特色之二：运用带状植物色块

带状色块种植一

带状色块种植二

带状色块种植三

种植特色之三：金黄色植物的运用（金玛丽月季花带）

花带黄杨色块与长廊配合形成有层次的街景

金黄色树种的运用

海棠花树阵广场在当时是一种新的尝试

海棠花树阵下的波浪形色块

文化系列之一：寓意当年护城河的带状水池　　　　　　　　反映护城河边老北京其乐融融生活场景的小品更显生机盎然

文化系列之二：反映历史上运煤驼队进城的雕塑

文化系列之三：点缀黑色景石，寓意当年的煤门　　　　　　文化系列之四：古代算盘与现代计算器的结合

文化系列之五：以古代算盘造型的的世界地图，呼应历史上的金城坊，寓意走向世界

新颖的座椅

古朴自然的景观灯样式　　　　　　　　　　休息廊架

6.9 古城遗痕——北二环德胜公园和城市公园（明、清时期）

项目地点：北京市东西城区北二环

用地面积：10.4hm^2

设计时间：2007 年

获得奖项：2007 年度北京园林优秀设计一等奖、北京市规划委员会设计一等奖

这是北京最窄的带状城市公园。现代的城市景观园林设计需要研究，在这样有限的空间内，如何能艺术和智慧地将解决改善民生、保护古都风貌和美化城市环境等问题统筹兼顾，发挥城市土地和空间最大的综合效益，提升北京中心城区拆迁土地的生态调节、绿化屏障和文化休闲价值。

6.9.1 背景

随着奥运会申办成功，北京利用园林景观作为改善城市生态和景观面貌的重要手段，不断获得成功，凸显了这一行业在城市建设中越来越重要的地位。2006 年，东、西两城区政府基于保护古城风貌的目标，计划对北二环路西直门至雍和宫大街全长约 4.5km 的"城中村"进行环境整治，建设绿地约 10.4hm^2。

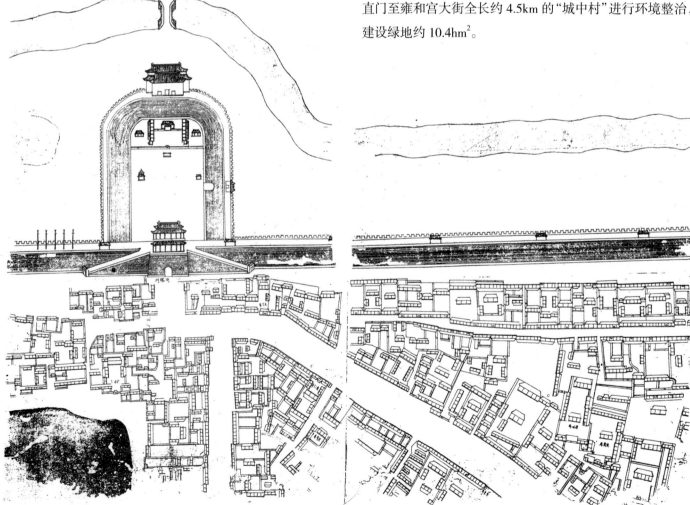

清代北京地盘图中的德胜门周边环境

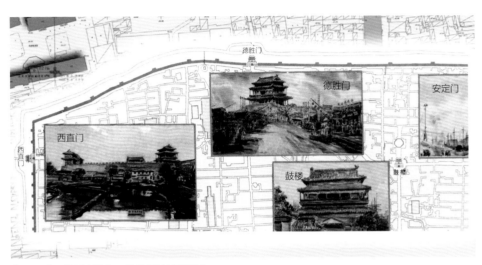

北二环唯一的历史遗存：德胜门的城楼形象

现状照片

北京城的城门和城台

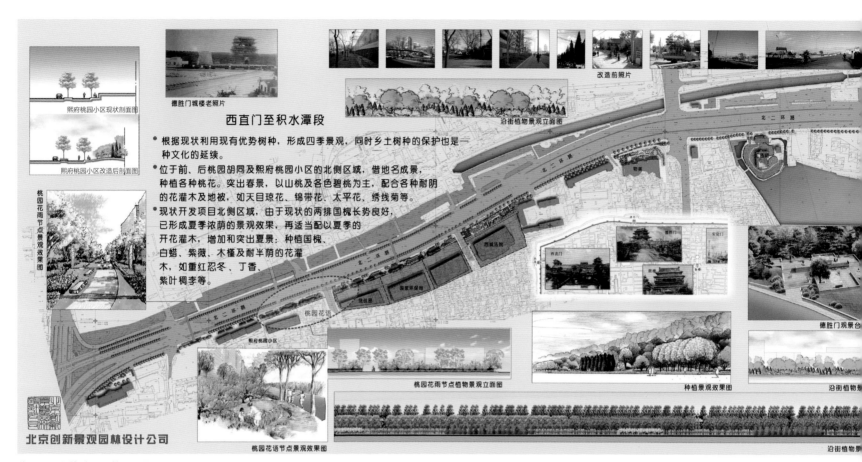

北二环西段德胜公园总平面图

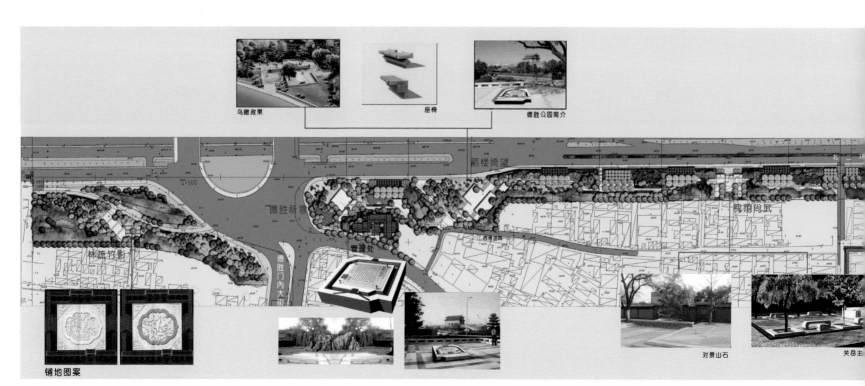

北二环西段德胜公园德胜门至鼓楼平面图

北二环西段南侧园林景观设计

德胜门至旧鼓楼大街段

于城市快速干道南侧，同时也是旧城保护区的北边界，是一道城市重要的绿色生态屏障。首先它担负着善区域生态环境的作用；其次是提高城市景观面貌，整合城市机理并适当兼顾周边市民短暂休憩；另外，合并延续周边历史文脉，形成自己的特色。

西向狭长的带状的景观绿地，栽植高大连续的乔木林带，强调厚重的体量感，同时营造层次丰富的物群落。以"绿色城墙"的景观定位，唤起人们对消失的古城墙的记忆。

合景点特点种植油松、立柳、白蜡等乔木，配植榆叶梅、迎春、连翘、红瑞木及棣棠，衬托突出主，同时在局部地段呼应现状银杏已经形成的秋色景观，种植银杏、元宝枫、栾树及紫叶李、紫叶矮及红叶小檗等植物形成上层金黄、下层紫红的色彩搭配，给人深刻的印象。

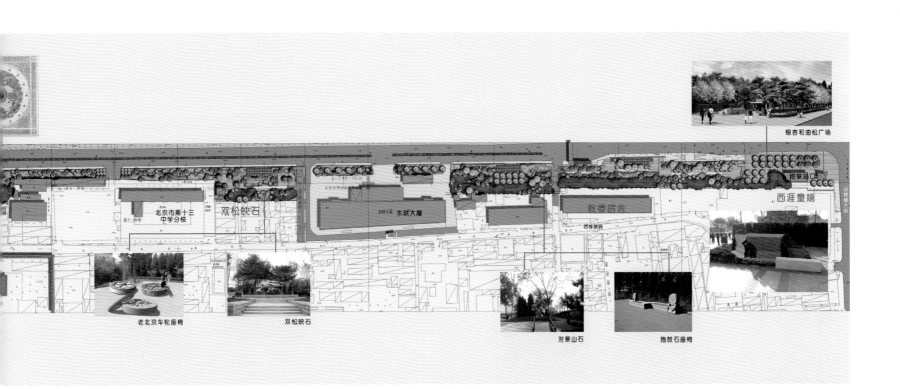

寓意城墙城台的桧柏树阵，每 100m 一组

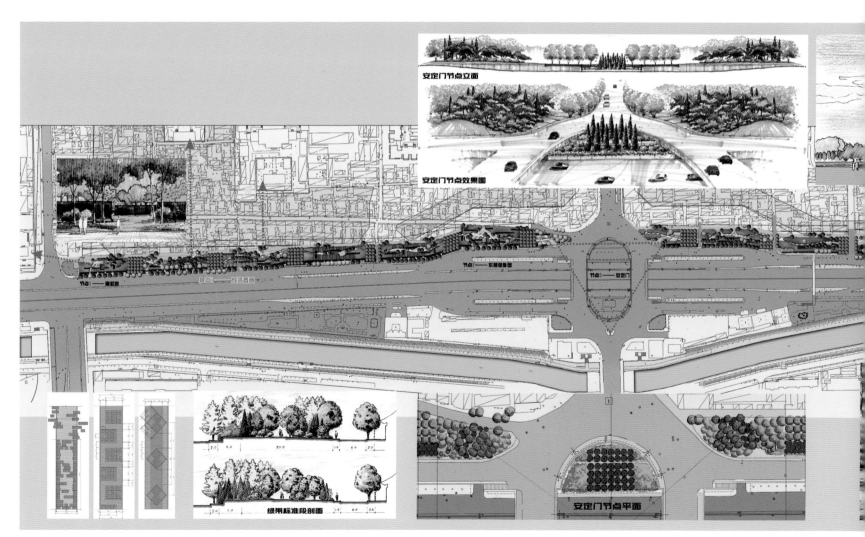

北二环东段城市公园总平面图城市公园

案例位于现状北二环路的南侧，是原来北京旧城墙位置所在。这座城市公园最突出之处在于，将古城的文化性修复设计与城市生态调节、道路绿化屏障和居民文化休闲功能自然合理地融合在一起。

6.9.2 依据

德胜门，意为"以德取胜"的军门。为取"得胜"之吉兆，历代军队出征常走此门。所遗存下来的箭楼是整个北二环地区仅有的古城地标性建筑。因此设计应在结合周边历史文脉及现状分析的基础上，依据场地特点，以体现对北京历史名城的保护和城市绿地系统结构中的二环路绿化带整体定位为前提，同时与二环路已经形成的园林风格相协调，起到改善旧城生态环境，再现古城风貌的作用。

场地周边由西到东，分布有可挖掘的历史节点，如：什刹海历史文化保护区、净业寺、德胜门、关岳庙、钟鼓楼、雍和宫等。其中以地标性建筑——德胜门箭楼最为重点，可开辟多条视线通廊。

6.9.3 特点

1. 对古城文化的修复

二环路带状公园清晰地勾画出具有悠久历史的北京旧城轮廓，是北京城传统与现代融合的见证。本次设计的德胜公园和城市公园位于旧城保护区的北边界，为新、旧城之间的缓冲区。

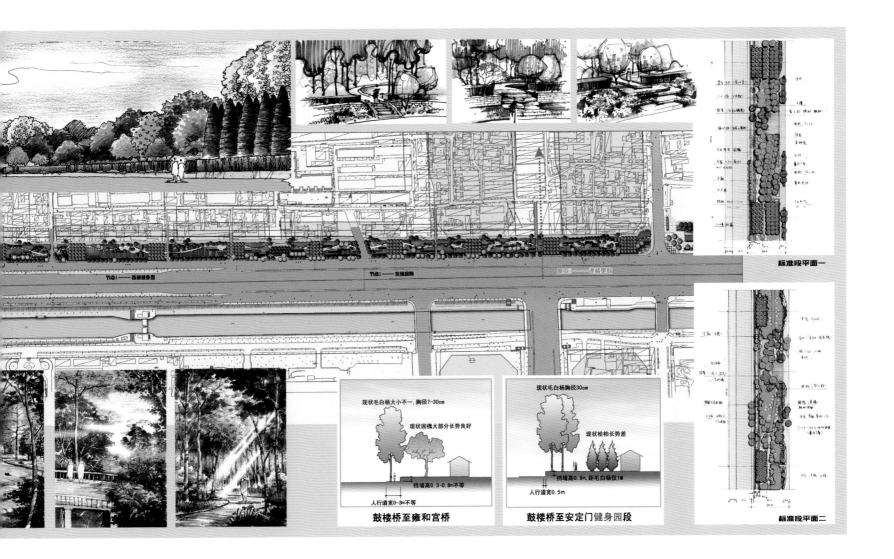

北二环东段城市公园鼓楼至安定门平面图

北二环东段城市公园安定门至雍和宫平面图

公园南侧4.5km沿线的平房保护区是城市公园的背景。文化性修复的设计施工全部按照传统工艺进行，房屋所用材料和施工工艺全部体现了不同时期、不同风格北京民居的传统风貌。建成后的公园以"绿色城墙"的设计理念，与古色古香的德胜门、关岳庙及雍和宫相互掩映、重新形成连接，用绿色勾画出古城边界，突显新公园和旧城边际历史风貌的和谐与统一。

2. 延续场地特征

赋予植物"绿色城墙"概念，留住人们对"城"的记忆。公园布局风格构想来源于对北京内城的记忆，提炼城墙的布局特点，点线结合，形成连续而有节奏的整体。设计中，通过分析老城墙非常有节奏的每隔100m有一个城台（俗称马面）的这一形态特征，用高6m的整齐的桧柏树阵，形成有节奏而连续的独特景观，夜晚统一用射灯照亮，与熙攘的车流对比后营造出非常醒目且有韵律感的视觉效果。这一简洁景观符号的成功运用，在外部城市景观层面上，将整个北二环由东向西全线构成整体的联系，形成变化丰富、虚实结合的序列和独特的节奏韵律，形象地再现北京老城

中城墙与城台的布局特征，唤起人们的联想和记忆。在内部以一条游览路线有机地联系各个景观空间，结合沿线的历史节点内涵的外延，使各个节点的休闲广场设计都考虑了古都风貌的保护与展示，烘托了传统和现代交相辉映的城市环境氛围。

种植设计选用大规格的乡土树种，强化北京植物特色。从保留原有树木，到新植的各种苗木，处处体现老北京、城墙及四合院的文脉。结合修缮的古建筑和什锦墙，隔透相间，呈现安静、祥和的生活画面。又如箭楼绮望的老国槐，槐荫尚武的古紫薇树，雍和宫的白皮松，国子承贤的油松、银杏，百年以上的丝绵木，充满故事的福禄双全石榴、柿子连理树，玉兰春雨，古藤云林，仙庵古柏，棚影拾趣，楝王独木，双乔锦带，紫薇入画，硅木红花，以及六十年的大海棠……，每种植物都讲述着一段历史、一段故事，带来诗情画意的境界。

3. 点缀文化小品

公园西段的德胜公园围绕着德胜门曾流传下来许多典故和传说，除了所发生的许多军事战役外，还有当年乾隆

德胜门箭楼绮望观景台

以乾隆二十二年，乾隆皇帝在此喜迎瑞雪有感而发题写的两首祈雪诗为主题，说明这一历史典故，使后人了解这一具有诗情话意的景点。

德胜门德胜祈雪广场

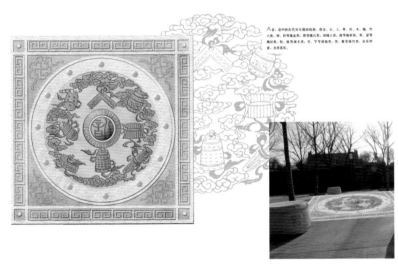

八音祈福广场

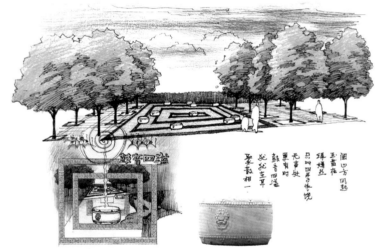

八音祈福广场效果图

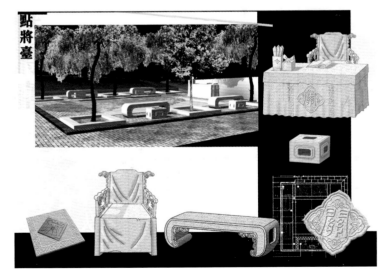

关岳庙北侧的槐荫尚武广场

槐荫尚武景点表现图

皇帝在此喜逢瑞雪，有感而发所作的德胜祈雪诗，结合这些历史文脉，公园共形成了六处景点：桃园花雨、德胜松雪、箭楼绮望、槐荫尚武、鼓音威远、西崖童嬉。公园东段的城市公园沿线结合每段场地周边的特点，设计了八处景点：和谐、城市中轴、健康乐园、安定祥和、旧城一隅、国子承贤、望雍台、季风。这些景点的建成在整个二环的绿色"项链"上又增添了一串美丽的"明珠"。

漫步在此即可体会到绿树迎风，翠竹邀月，花香人影，可赏、可游、可憩，又可感悟到历史文化与现代生活的融合，美不胜收。公园融合更多开放空间，体现京派新园林风格。最明显的是对城市景观的影响和贡献，注重了与二环各个角度的呼应关系，在北京最繁忙的、车水马龙的二环路边，形成了代表北京城的一道靓丽的绿色风景线。

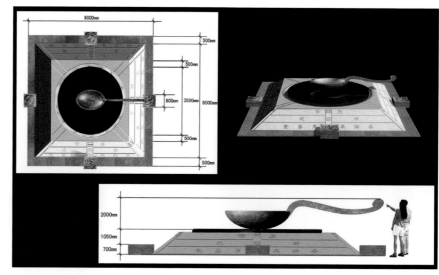

反映中轴位置的司南台方案效果图

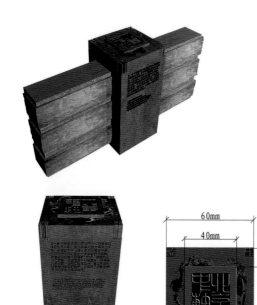

中轴标志小品方案

北二环西段地刻标志

北二环东段地刻标志

鼓楼地铁前广场改造方案：西涯童嬉

反映老北京四合院生活的地刻图案

古色古香的座椅样式一

古色古香的座椅样式二

城市公园入口：极具观赏价值的灵璧石

本次改造对北京旧城的北边界整体进行了统一修复

德胜公园入口：选用了一块像威武将军造型的山石

植物特色一：沿整个北二环有节奏地布置整齐的桧柏树阵，寓意绿色城墙

错台式种植，整体体现出了绿色城墙的感觉

每个桧柏阵的背后都设置了林下休闲广场，隔离了噪声，安静舒适

植物特色二：整个北二环沿线用错落有致层台种植，降低了原来挡墙的高度，形成了浓郁的立体绿色景观

植物特色三：选用多品种、大规格的植物配置方式，较快形成了植物丰富、鲜花漫地的景观效果

植物特色四：丰富的春景植物景观

沿北二环的绿地的台阶式出入口

采用大规格特色树种，一树成景的海棠王

运用大规格特色树种：花开百日红的紫薇王

在狭窄的空间里采用复层式种植，形成丰富的植被群落

运用大规格特色树种：独木成荫的紫藤王

夏景浓荫的紫藤廊架

秋天的植物景观

冬天的公园景观一

冬天的公园景色二

依古槐设计的休闲广场

围绕现状大树形成的绿岛

文化系列之箭楼绮望

利用现有大树设置座椅和广场

将大树与北侧四合院的结合

依靠大树形成的眺望台

司南水池

文化系列之司南，寓意传统中轴的北起点

沿箭楼绮望设计的视线走廊

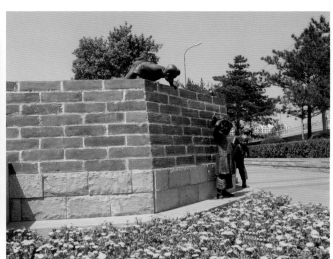

文化系列之西涯童嬉

文化系列之八音祈福

文化系列之槐荫尚武

文化系列之雍和远望

西涯童嬉雕塑反映儿童爬城墙捉迷藏的场景

仿老北京门墩的座椅

具有老北京特色的座椅

隔绝于喧闹的安静之处

把公园设置在老百姓的家门口

掩映在鲜花绿树中的平台广场

百姓日常锻炼的健走路

第七章　与水系相关的 6 个案例

河流是一个城市生存、发展和繁荣不可离开的基本元素之一。它孕育着城市的生命，蕴藏着城市的历史，抒发着城市的灵气。北京城因水而建，因水而兴，河流水系始终是北京城建设的基本脉络。在古代北京城域内有很多河流，其中与北京城两次重要的遗址和迁移有密切联系的是莲花池水系和通惠河水系。历史上的北京城从起源时的蓟城，到迁移到元大都的新城址。这两次的城址选择和变迁实际上就是从莲花池水系转移到通惠河水系的过程，充分说明了河流与古城密切的血肉关系。

时过境迁，如今通惠河两岸已经发生了翻天覆地的变化，从起点段的什刹海至玉河、菖蒲河属于历史文化风貌保护区，中段则穿过现代化的朝阳 CBD 国际商务区，末段又进入郊野自然风貌的通州区，根据不同的环境特征，我们在沿线设计了六个公园，整体风格呼应周边环境的特征，明确表现出由历史文化到简洁现代、再到自然生态的过渡关系。

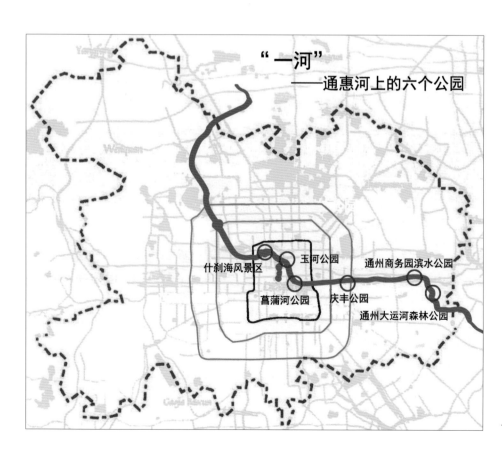

一河——通惠河上的六个公园

7.1　漕运终点——什刹海风景区（元代）

项目地点：北京市西城区

用地面积：302hm^2，其中水面 33.6hm^2

设计时间：2007 年

什刹海是 1992 年被确定为历史文化旅游风景区，也是北京 25 片历史文化保护区中面积最大的一片。而且，本地区的格局和尺度保存基本完好，大量的文物古迹沿湖分布，是老北京民俗文化和居民生活形态保存最好的区域之一，什刹海在北京的城市格局和历史文化延续的进程中具有重要的地位，也一直发挥着很好的作用。

7.1.1　历史沿革

什刹海在金代为白莲潭，元代称为积水潭，"水深面阔，汪洋如海"。元大都就是以积水潭为依据而建，大都城的中轴线起点即在积水潭的东北岸上。同时为利于漕运通航，而兴修通惠河。将都城内的积水潭与大运河连通为一体，成为最北端的码头。元世祖忽必烈从上都归来"过积水潭，见舳舻蔽水，帆樯树立，大悦"，遂赐名"通惠河"。

从唐至明清的历史变迁中，什刹海因漕运而兴盛。又多寺庙、王府、大宅院，而成为北京人文民俗的文化汇聚区域，是内城难得的一处自然景观优美的传统游览胜地，一直延续至今。

辽代以前是㶟水（永定河古称）故道上的水泊，是自然野趣景观。

金代称之为"白莲潭"，是中都城通往潞水（今北运河）的主要水源。

元代，白莲潭改称积水潭，连接通惠河至通州，行成漕运河道，终点码头是积水潭，漕船往来如梭，盛极一时。

明代将积水潭面积缩减，漕运停废，浅水区域干涸，辟为园圃稻田或建街巷、民居。朝廷封赏大官的宅园也多沿水岸而建，因此这一时期岸畔人文景观聚集，成为京城文化及民俗荟萃的公共游览胜地。

清代为正黄旗驻守，周边兴建了许多王府，使得这里的传统文化氛围更浓厚。

元代，公元 1341~1368 年

明代，公元 1573~1644 年

清代，公元 1750 年

什刹海的历史演变

民国，公元 1947 年

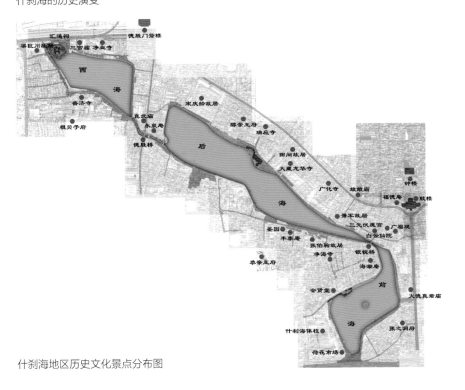

什刹海地区历史文化景点分布图

银锭观山与孟兆祯先生一起踏查周边环境　　　　　与孟兆祯先生一起踏查现场

西海郭守敬像　　　　　前海环湖路

前海入口广场　　前海现状绿地缺少休息设施　　前海现状绿地设施破损陈旧　　前海现状环湖杨树，已呈现出衰老病态

西海现状绿化，杂乱无章　　后海环湖路　　后海现状绿地，结构不合理　　西海钓鱼区

7.1.2　总体规划

依据《什刹海历史文化旅游风景区发展规划》，什刹海是以"居民区、旅游区、传统风貌保护区"为基本定位，建设自然风光与人文景观相辉映，古都风韵与时尚生活相融合，彰显文化魅力的传统风貌旅游区，充分体现作为北京文化形象大使的作用。

同时将什刹海地区按功能分成前海热闹活动区、后海安静休息区和西海垂钓区。

7.1.3　现状分析

前海以荷花市场为核心，已经形成热闹繁华的餐饮街，后海酒吧街也已经形成规模。场地内的绿地稀少，而且绿化设计较为简单，以柳树和杨树为主，景观单调，缺少整体的植物特色和文化内涵，而且由于周边人口密集，居民与游客的健身与游憩功能相互叠加，使绿地难以承担各种需求。

7.1.4　设计构思

本次园林规划将景观、文化与功能进行综合考虑，在与整个什刹海地区的风貌融为一体的前提下，明确各区段的景观特色和文化内涵。同时与现有的产业需求相互呼应、相互促进，引导产业的升级和更新。

通过规划和提升，有效解决绿地单薄、活动场地不足、设施风格与传统风貌不适宜等问题。形成自然朴野、特色鲜明、功能复合的生态型绿地。

什刹海地区 20 世纪 30 代老照片中大片的荷花

什刹海地区 20 世纪 30 年代老照片

什刹海地区 20 世纪 30 年代老照片中的前海胡同

什刹海汇通寺外

挖掘提升"西涯八景"
的知名度和景观价值：

　　西涯在明、清时泛
指北京景山、鼓楼以西、
什刹海一带。明代文学
家李东阳居住于什刹海
时写了《西涯杂咏》，
吟咏故居四周景色，后
被归纳为"西涯八景"。
它是整个什刹海地区景
观园林的提炼和总结，
八景中有五景是本地区
范围内的，三景是借周
边著名景点的，确立了
多条重要的视线走廊。

湖心赏月

谯楼更鼓

银锭观山

西涯晚晴

响闸烟云　柳堤春晓

景山松雪

白塔晴云

什刹海地区文化发掘之西涯八景

1. 保护特色文化理念

对本地区特有的市井民俗文化和历史沿革进行充分调研，将其融入绿地设计之中，使绿地发挥其展示文化的窗口作用。

2. 融入生态改良理念

恢复本地区原有的特色乡土树种和自然野趣的风格，特别是垂柳、山桃、荷花，形成历史上原有的传统景观风貌。

3. 梳理区域交通系统

首先以步行优先，保障步行游览系统的连贯与舒适，形成独具特色、景色优美的环湖滨水游览路线。

7.1.5　设计定位

1. 前海

热闹繁华的餐饮及游人聚集区，前海西岸以荷花市场为主景，形成以传统饮食与现代娱乐为主的商业旅游区。东岸以荷花观赏、火神庙绿地、银锭观山桥头为三处着重

打造的节点，同时提升钟、鼓楼周边为特色传统景点，形成文化休闲为主的活动游憩区。

2. 后海

介于前海的繁华与西海的静谧之间，生活气息浓厚，保持以安静为主的基调，形成以望海楼和后海花园为特色的景观节点。周边是以名人故居和民俗民风体验为主的文化观光游览区。适度控制酒吧街的规模，增加文化设施，形成从前海到西海的过渡。控制后海南沿、北沿酒吧街的建设规模，新增画廊、茶艺、工艺品店等安静的文化业态。此区域重点打造后海小花园及望海楼节点。

3. 西海

景观层次丰富，是空间相对私密的休闲生活区，保持古典静谧的空间氛围，以西海北沿的明代汇通祠和郭守敬雕像及生平展为文化特色。改造提升雨来散广场，开展安静的垂钓活动，周边业态为高端办公和私房菜为主，保持雅致、清幽和古朴自然的环境。

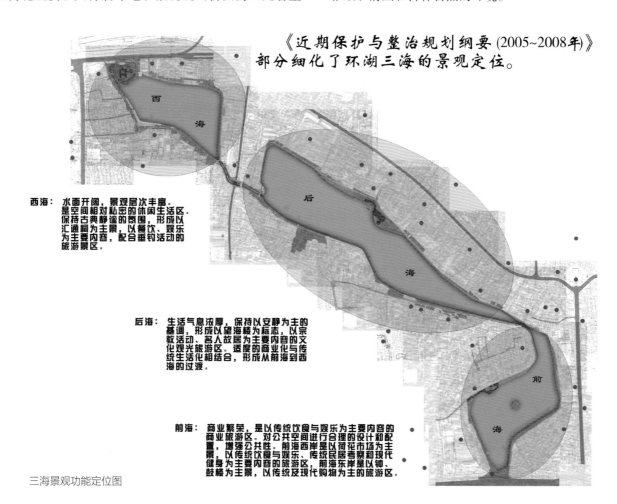

《近期保护与整治规划纲要(2005~2008年)》部分细化了环湖三海的景观定位。

三海景观功能定位图

7.1.6 文化特色

整体风格突出京味，坚持并沿着传统风格的方向发展。发掘本地区最具特色的景观"西涯八景"的知名度和景观价值。西涯在明、清时期指景山、鼓楼以西至什刹海一带。明代文学家李东阳居住于什刹海时写了《西涯杂咏》，吟咏故居四周景色，后被归纳为"西涯八景"。它是整个什刹海地区园林景观的提炼和总结。分别是"银锭观山、响闸烟云、柳堤春晓、谯楼更鼓、西涯晚晴、景山松雪、白塔晴云和湖心赏月"。另一个特色是将火神庙西侧绿地，设计成为反映什刹海作为京杭大运河北端起点为内容的休闲花园。

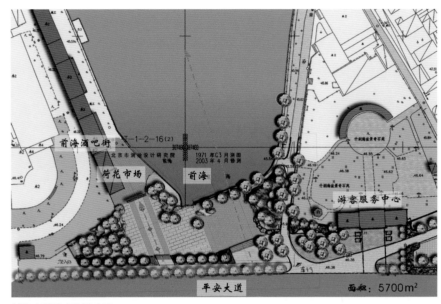

前海广场景点改造方案

西涯八景之白塔烟云

西涯八景之景山松雪

西涯八景之谯楼更鼓

西涯八景之银锭观山

前海效果图

金锭桥及火神庙节点空间分析图

前海效果图

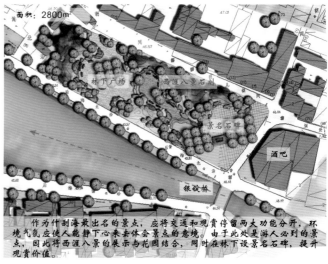

作为什刹海最出名的景点，应将交通和观赏停留两大功能分开，环境气氛应使人能静下心来去体会景点的意境。由于此处是游人必到的景点，因此将西涯八景的展示与花园结合，同时在林下设景名石碑，提升观赏价值。

银淀桥节点改造方案

银淀桥节点效果图

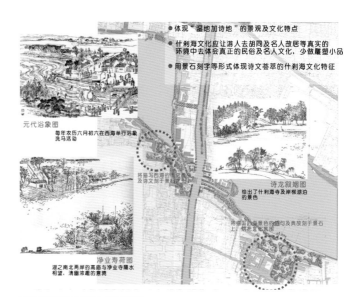

后海和西海文化景点布置图

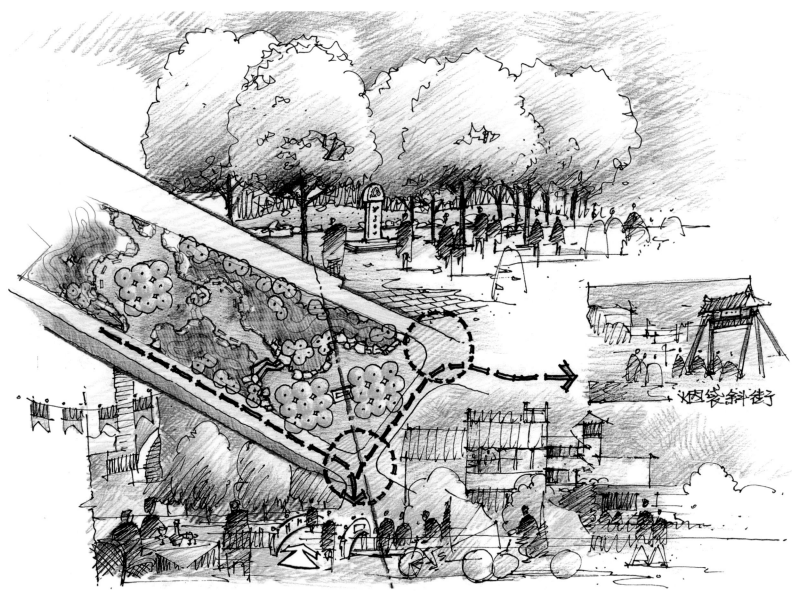

银锭桥节点效果图

一桥两庙节点景观改造方案

定位为历史文化节点和游人集散广场：

• 以德胜桥为中心，将路口四角广场以铺装统一，去除原有道牙，强调空间的整体感，并将游人分别引向西海和后海

• 广场设置具有文化特色的雕塑小品、石座凳、景点标牌及特色铺装；修复德胜桥两侧石栏板后，恢复桥头原有的镇水石兽

• 通往西海方向将人车分行，把游人引入绿地，既丰富了游览路线又改善了行车环境增加安全性

从岸边看真武庙、德胜桥和远处的永泉庵

结合德胜桥的修复，将筒子河两岸原有金属栏杆统一用石栏板更换，延长至西海及后海小桥，提高历史节点的文化氛围

一桥两庙节点景观效果图

剖面示意

周边位置

秩序结构

关键视线

西海垂钓

西海垂钓

广场山石对景

鸟瞰图

林荫小路

德胜桥以西至雨来散广场设计构思表现图

雨来散广场景观效果图

在保持原清华方案的基础上，进行了深化设计

定位为观景、健身及感受文化氛围：
· 体现什刹海地区借水景造园的特点
· 做地形使观景平台高于地面，抬高赏
  景视角；另外主入口处增设长台阶，从而
  形成低中高三个不同高度的视点，并且丰
  富了空间层次
· 活动区域北移，避开楼北侧长期的阴
  影。新设置的广场以土山为背景面向西海，
  集赏景和健身休闲活动于一体，舒适安静
· 将描写西海的古诗文刻于景石之
  上，感受诗情画意的文化气息

· 原有土山根据布局
  调整修整移位，保
  持土方平衡

西海南岸雨来散广场景观改造方案

休息廊亭

休闲活动

儿童活动

滨河路景观

小花园立面效果

后海小花园设计构思表现图

滨水台阶的改造：
现状规则的花池挡墙过于单调，改为自然山石增加亲水性，丰富湖岸景观，为游人赏湖赏景提供更为亲近的环境氛围

现状

改造后

游雨来散广场登高台可近俯西海美景，远眺西山壮丽，使游人虽未到湖心，但情景意都已融入其中，体会到西涯八景之一"湖心赏月"的悠然意境

高台俯视效果图

雨来散广场景观效果图

沿湖路局部加宽，增加近水空间

后海小花园面积约13000 m²

增加亲水木栈道，浅水生植物

儿童游乐场拆除，改为多功能活动场地

三条路平行，去掉一条路

现有广场扩大保留，提供更多的休闲空间

保留现状大树，去掉色块绿篱

西式风格的树池花坛，改为中式花池

后海小游园现状分析

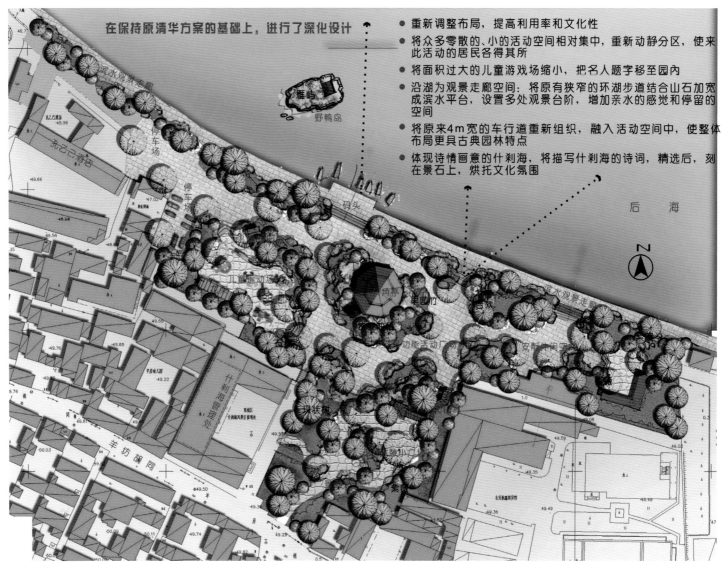

在保持原清华方案的基础上，进行了深化设计

- 重新调整布局，提高利用率和文化性
- 将众多零散的、小的活动空间相对集中，重新动静分区，使来此活动的居民各得其所
- 将面积过大的儿童游戏场缩小，把名人题字移至园内
- 沿湖为观景走廊空间：将原有狭窄的环湖步道结合山石加宽成滨水平台，设置多处观景台阶，增加亲水的感觉和停留的空间
- 将原来4m宽的车行道重新组织，融入活动空间中，使整体布局更具古典园林特点
- 体现诗情画意的什刹海，将描写什刹海的诗词，精选后，刻在景石上，烘托文化氛围

后海小游园平面图

后海小游园功能分区图

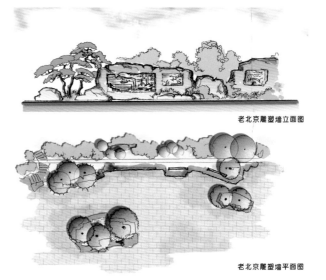

后海小游园雕塑景墙设计

环湖特色座椅方案一

环湖围绕现状大树特色座椅方案二

环湖特色座椅方案三

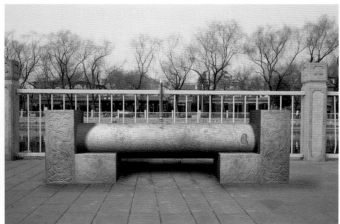

环湖特色座椅方案四

前海入口广场

改造后的前海广场

游客服务中心高雅的四合院环境

什刹海游客服务中心

前海东岸景色

前海南岸景色

前海南岸北望银锭桥

前海北岸景色

燕京小八景之一的银锭观山

前海远望钟鼓楼

后海望海楼

湖心岛从改造前的荒岛，变成了有人文气息的、可游览的景观岛

改造后的湖心岛增加了观景平台，同时游船可以停靠

前海金锭桥和火神庙

湖心岛的石牌坊

沿湖的垂柳景观

湖心岛改变了原来的荒凉杂乱，增加了为游人服务的休息亭和敞轩

火神庙绿地以大运河途径的城市地名作为地刻，以园路和水溪进行串联

火神庙绿地：以体现京杭大运河北端起点为设计主题

前海环湖改造拆除了挡墙，首次采用了山石护坡，使整体景观体现出来自然古朴的风格

改造后的火神庙绿地

局部用山石和粗矿的花岗岩结合

改造后既保留了现状大树，又解决了游人环湖漫步和休息的矛盾

环湖路局部扩大满足游人休息的需求

前海北岸小王府

环湖路入口对景的处理

改造后的后海休闲广场

宽大的青白石台阶连接上下两层环湖路

环湖漫步路的特色座椅

休息广场的特色座椅

7.2 水穿街巷——玉河公园（元代）

项目地点：北京市西城区

用地面积：2.1hm²

设计时间：2016 年

　　玉河是皇城内的一条历史悠久的古河道，此段是京杭大运河的最北端的终点。2014 年 2 月，习近平总书记考察了玉河历史文化风貌保护区和玉河公园。同年 6 月，大运河整体申遗成功，对如何保护发掘这类活态和线性的遗产，既是机遇也是挑战。公园范围西起地安门外大街，东至河

玉河老照片

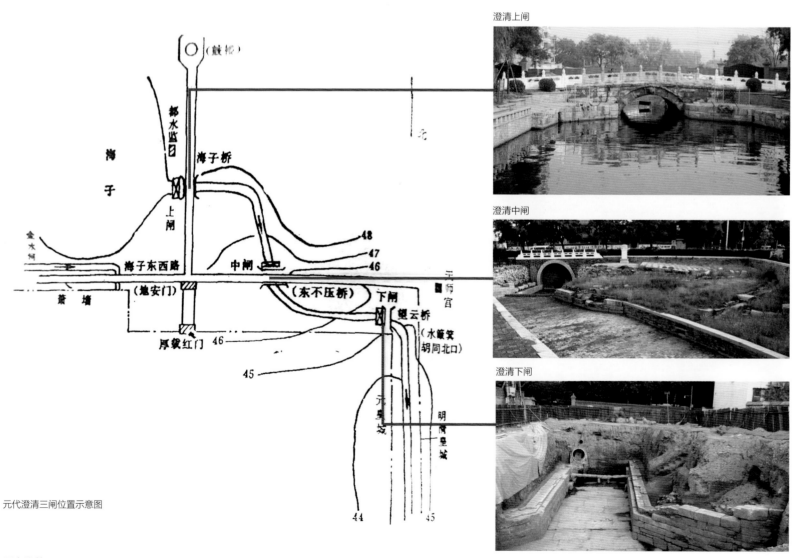

元代澄清三闸位置示意图

澄清上闸

澄清中闸

澄清下闸

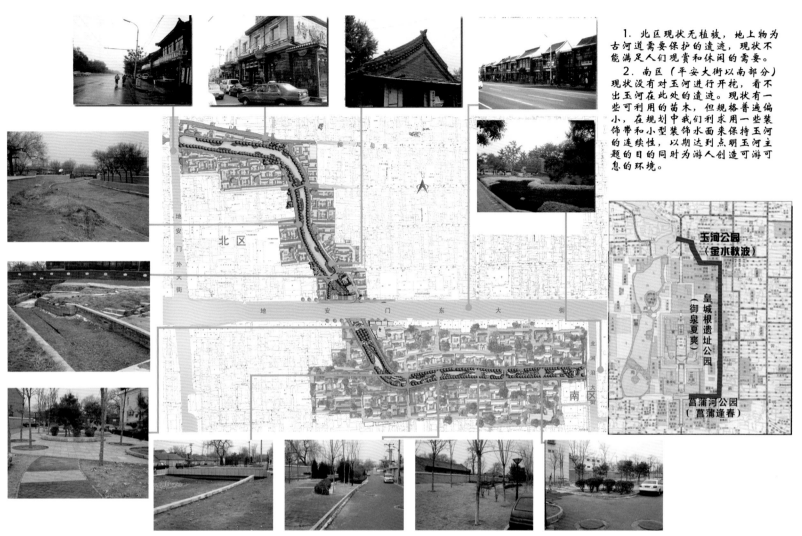

1. 北区现状无植被，地上物为古河道需要保护的遗迹，现状不能满足人们观赏和休闲的需要。

2. 南区（平安大街以南部分）现状没有对玉河进行开挖，看不出玉河在此处的遗迹。现状有一些可利用的苗木，但规格普遍偏小，在规划中我们力求用一些装饰带和小型装饰水面来保持玉河的连续性，以期达到点明玉河主题的目的同时为游人创造可游可息的环境。

河道两岸周边关系与现状

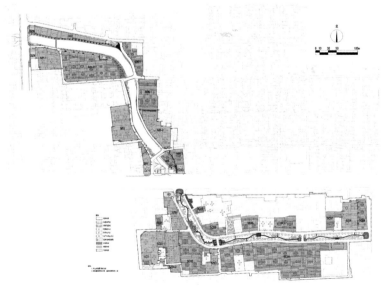

玉河北区、南区地块平面图

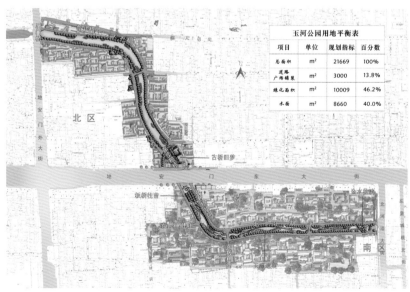

玉河公园用地平衡表			
项目	单位	规划指标	百分数
总面积	m²	21669	100%
道路广场铺装	m²	3000	13.8%
绿化面积	m²	10009	46.2%
水面	m²	8660	40.0%

总平面图

入口景石

考古先行 东不压桥遗址（澄清中闸）

南区绿地现状，没有表达出玉河的历史价值

南区绿地现状

考古先行－澄清下闸遗址

澄清下闸南部雁翅遗址
拍摄部位：雁翅、明清排水道
拍摄日期：2014.9.16

澄清下闸南部雁翅遗址
拍摄部位：雁翅立面
拍摄日期：2014.9.16

澄清下闸南部雁翅遗址
拍摄部位：雁翅顶部
拍摄日期：2014.9.16

澄清下闸南部雁翅遗址
拍摄部位：雁翅条石
拍摄日期：2014.9.16

澄清下闸南闸墙
拍摄部位：明清排水道
拍摄日期：2014.9.16

澄清下闸南闸墙
拍摄部位：南闸墙条石
拍摄日期：2014.9.16

文物考古成果

原状展示的遗址现场　　　　　　　南区绿地现状，缺少场地特色　　　　　　　原状展示的河道闸涵剖面

沿大街，中间由平安大街将公园分为北区和南区，全长1000余米，宽15~20m，面积2.1hm²。在北京区域内的什刹海和玉河故道以及澄清上闸、中闸都在申遗名单之列。公园的建设是实现大运河北京段遗产保护规划及沿线古迹保护恢复历史景观风貌的先行和示范。

7.2.1 历史沿革

700多年前，元代水利专家郭守敬修通了这条连通什刹海与通惠河的主要河道，它在元代称为通惠河，明以后称为玉河。这条河道与元大都同时建成，使京杭大运河的北端可以直接延伸到皇城里来，并成为明代之前漕运进京的主要通道。从明代开始漕运功能衰退，变为输水河道，但也仍然是皇城内的一条风景优美的河道。这段河道在清末基本干涸，在民国时期被整体填埋。新中国成立后，又疏浚河道，作为行洪排污来使用。1956年被封盖为一条暗河，并逐渐被埋在层层叠叠的民房之下。

7.2.2 建设意义

公园的建设，使消失了半个多世纪的玉河水道重见天日，恢复了这条曾见证皇城沉浮变迁并穿越元、明、清三个时期古老河道的"水穿街巷"的历史景观，再现了古都灵动的空间格局。这条充满灵气的河水南延串联起什刹海、皇城根遗址公园和菖蒲河公园，将历史上东皇城的轮廓位置清晰地勾勒出来，因此，对实现北京皇城保护规划具有非常重要的意义。

7.2.3 考古先行

前期工作是由北京文物研究所进行，他们在对通惠河故道和遗迹的考古发掘时，发现了东不压桥上、中、下三处澄清闸及部分河堤驳岸。这些珍贵的遗存依据原状修复并展示，古河堤部分则采取回填方式进行保护，新的驳岸建在古河堤上方，这样既起到了保护作用，又按古河道的走向重新修复，以恢复整体玉河原有的历史形态。

周边的历史建筑早在民国时期就已被拆光。因此，对于河道两岸街区的恢复，我们参考了乾隆时期绘制的清北京城地图（1750年）。

7.2.4 设计思路

在这个特殊的历史地段，我们在重现河道景观，展示历史遗存，恢复街区风貌的同时需要从一般意义上的园林观念中解脱出来，站在城市的角度进行景观设计。即实现了历史文化街区的保护和整体风貌的统筹修复。为周边市民新增了休憩的活动场所，同时又有利于改善中心城区的生态环境。打造城市密集区中唯一一条融合多元文化展示空间与景观科普性、互动性于一体的靓丽文化景观带，形成东城区景观文化形象的新亮点和新标识。

7.2.5 设计内容

依据文物考古的成果并结合周边环境，以京杭大运河为主要的文化脉络，传承玉河独特的文化氛围、文化韵味和文化风貌，整体打造一条绿色的文化休闲廊道，将南北两个区定为不同设计主题。

1. 北区——风貌保护区

北区为世界文化遗产京杭大运河北京段的一部分，包含了通惠河北京旧城段及遗产点：玉河故澄清上闸、澄清下闸。因此恢复的古河道景观及万宁桥（澄清上闸）、东不压桥（澄清中闸）以恢复原状方式进行展示，这是极具观赏和历史价值的景观节点，河西侧还恢复了当年玉河庵，它是专为玉河所建的一座尼姑庵，经改造为玉河博物馆，并配有郭守敬的浮雕壁画。在公园入口设景石及遗址说明牌，供人们停留观赏。

2. 南区——文化休闲区

此段没有发现古河道的驳岸，仅在最南端发掘出澄清下闸的部分遗存。因此设计以大运河文化展示和大众休闲为主，河道景观更加自然朴野，文化节点更加丰富。全线设3处景点，分别为漕运记忆、玉河文化走廊和澄清闸影。其中的文化走廊是以一条大运河长卷图全线串联，长卷图以浮雕的形式，将大运河沿线的城市、景点及风土人情依依再现。

构思以京津段和苏杭段文化为主，铸铜浮雕全长120m，将运河文化分成三幅长卷的形式呈现在沿线的不同位置，形成特色文化走廊，以尊重场地的实用性和历史性为原则，沿着明确的文化主线，将大运河文化中有形或无形的景观元素加以提炼，综合运用"再现与抽象"、"隐喻与象征"、"对比与融合"的艺术手法，塑造出独具场地气质的文化空间和景观小品，激发游人与场地间的历史记忆和情感纽带。

铸铜浮雕长卷图内容分为运河北端、御河人家、尚武

北段为开挖古河道，有一定的文物观赏价值，所以定位为风貌观赏区，同时兼顾一定的休息活动功能。

南段为带状绿地，主要为周围居民提供休息活动的场所，所以定位为文化休闲区。

功能分析图

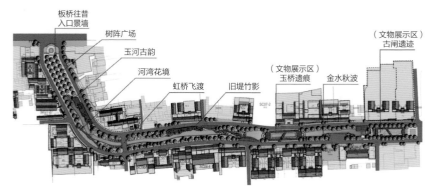

玉河南区平面图

玉河遗痕效果图

反映大运河沿线主要城市及景点的长卷风物图局部

金水秋波效果图

万宁觅踪效果图

古闸遗迹效果图

之邑、江北水城、运河水脊、漕运枢纽、古运邗沟、锦绣江南、人间天堂、江河归海十个部分，完整且连贯地展现了京杭大运河北起京门通州，南抵浙江杭州，途径四省二市，五大水系的壮美景观和繁荣文化，唤起了人们对数百年来奔流不息的古河道悠久历史的记忆。铸铜浮雕设计采用适宜的倾斜角度，加之点线面结合的创作手法，形成多视点、多层次、多角度的观赏点，既可近观漕运河道，感受昔日繁华，也可远望河岸新景，体会古今交汇，感受时代变迁。

同时，设计在运河文化中汲取最具有地域代表性的古运风物，采用艺术雕塑与平台栏杆相结合的形式展示运河沿线各地风物。惟妙惟肖的艺术形象或静或动；或市井繁华；或舳舻平渡，悠悠岁月洗尽铅华，唯有古朴的运河依旧静静地流淌于一幅幅展开的画卷之上，向游人默默诉说，引发怀古幽情。雕塑结合栏杆作为景观设计的创新，加以穿插展现整个平台的文化脉络，清新而独特。它与铸铜浮雕画卷虚实结合，呼应构成一个动态的连续画面，使游赏者在园中可游、可观、可思、可品，触景生情，达到一种美的享受。

其他节点利用景观小品的形式，将古运河上的水闸，绞盘等先进的工程技术设施点缀于平台之上，让游人感受先人的智慧结晶和创造精神，也增加了景观的互动性。本项目结合京杭大运河的文化特色和历史风貌，通过设计，赋予了玉河新的内涵和新的功能，使这一滨水开放空间又成了一个充满活力，吸引人关注的地方。

"一泓玉河水，古都现灵气"。这条历史水系的恢复犹如疏通了京城的血脉一般，使北京城有了灵气。同时向世人展示出曾经辉煌一时的京杭大运河在北京皇城内的一段重要水路，它与东侧的南锣鼓巷一起形成风貌保护区的核心，灵动的河水也连起了古城的历史与现代、过去与未来。

古桥旧影效果图

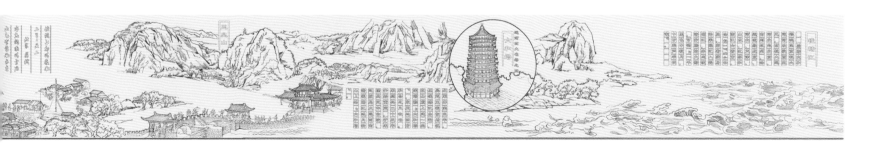

重新恢复的玉河庵及遗址

入口景石

古河道的遗址展示

重新恢复的玉河庵

玉河北区河道两岸的植物景观

玉河北区河道内恢复了丰富的水生植物

玉河北区河道植物景观

玉河北区船形休息平台，唤起当年帆船林立的记忆

玉河北区的河道两岸层次变化的平台栈道小桥，体现当年热闹繁华的氛围

东板桥

河道两侧一起重修的四合院

恢复了历史上水穿街巷的场景

玉河北区河道的临水平台

玉河南区入口体现漕运记忆主题

将原来简单的水泥桥装饰成古典风格的园林景观桥

漕运记忆

南区重新恢复的古河道

南区入口以河道的痕迹及遗留的石构件来表达漕运记忆

玉河南区错落有致的临水平台

运河长卷风物图的泥稿翻制过程

长卷图的泥稿阶段

铸铜完成后的长卷图局部细节一

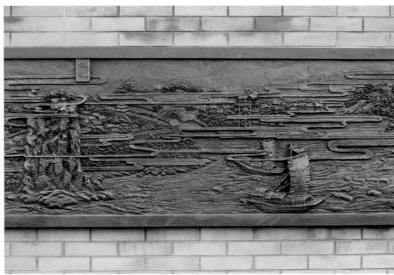

铸铜完成后的长卷图局部细节二

铸铜完成后的长卷图局部细节三

铸铜完成后的长卷图局部细节四

长卷风物图与景墙结合

长卷风物图与栏杆新颖的结合方式

长卷风物图与栏杆结合的方式

结合现状大树设置的临水平台

南区的文化表达是以运河长卷画作为带状空间的连接元素，形成玉河滨水文化休闲走廊

长卷画出现在全线的不同位置，起到文化串联作用

玉河南区的休息平台，长卷画兼作栏杆

人们在此可以一边欣赏河道景色一边体会运河文化

玉河滨水文化休闲走廊：用长卷画做的背景墙

长卷画兼作通道的安全防护，全线形成连续不断的文化符号

南区河道的荷花景观

河道舒适怡人的亲水平台

7.3 古韵如画——菖蒲河公园（明代）

项目地点：北京市东城区

用地面积：$7hm^2$

设计时间：2002 年

获得奖项：2002 年首都绿化美化优秀设计奖、2002 年
北京园林优秀设计一等奖、2005 年北京市
规划委员会设计一等奖、中国人居环境范
例奖、联合国人居环境范例奖

改造之前的全貌

菖蒲河公园的建设属于原皇城内部的环境改造，它的
文化品位更高，历史感更强，地位更重要。公园设计妥善
处理了与周边历史环境的关系，使公园各景点与红墙、劳
动人民文化宫和欧美同学会等文物古迹融合为一个有机整
体。在延续历史文脉的同时，实现了古朴与现代的相交融。

7.3.1 特殊的位置

菖蒲河原名外金水河，源自皇城西苑中海，从天安门
城楼前向东沿皇城南端流过，汇入御河。入玉河处有天妃
闸，以调节金水河水位。另从筒子河东南角有一水渠，沿
太庙（文化宫）东墙内侧向南流入菖蒲河。菖蒲河流入之
玉河（今南河沿），原为元大都漕运通惠河进入大都后的一
段，明代停止漕运，成为皇城内一条河道，因长满菖蒲而
得名，沿河还有涌福阁和牛郎桥。从历史上看，菖蒲河上
可以联系到元代漕运水系，下可以见证二百多年该地段的
历史变迁。它既是一条体现历史文脉的河道，又是反映城
市中心历史景观的一个亮点。由于历史的原因，经过数百
年的变迁，一条自然美丽的河道被封盖，仓库、民房、狭
窄的街巷，恶劣的环境，与所在区位极不相称。在北京历
史文化名城保护规划中，属于应恢复的古河道。

沿红墙私搭乱建的房屋

整个公园位于北京皇城风貌保护区内，具有丰富的历
史文化底蕴。这里曾经是明代皇城内"东苑"的南端，是
一处富有天然情趣、以水景取胜的皇家园林。皇帝常于此
观看"击球射柳"之戏。因此，它既是一条历史文脉河，
又是一条城市景观河。

杂乱无章的棚户区

7.3.2 设计定位

我们将公园定位于：恢复河道景观，强调与周边历史景点及北侧大宅院相互融合、渗透的一座新园林。它将是一项促进古城核心区有机更新、探索性的项目，是一次体现京城河系特色，在继承传统基础上的创新，追求文化品位的有益尝试。

红墙怀古

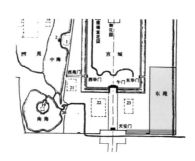

场地变迁

7.3.3 基本对策

菖蒲河公园规划面积约 5hm^2，河道全长 510m，在这样一个狭长的带状空间里，由东到西贯穿全线的主景是菖蒲河和红墙。人们通过欣赏和体会这些历史遗存而引发怀古幽情。除了这两条主线外，我们以现代的造园手法和节奏，设计了各种体验、不同标高的休闲节点和游览路，形成多视点、多层次的观赏点，使人们可多方位地感知公园的内外景色，让人们去深入了解，去享受自然、历史、文化和现代生活带来的愉悦。

1. 延续历史文脉

要处理好与周边历史环境的关系，主要有：天安门前丁字形广场东侧红墙、劳动人民文化宫（太庙）、皇史宬和普胜寺等，与东皇城根遗址公园相衔接，形成完整的明清皇城边界。注意保持现有胡同的肌理，通过整治使公园和新建房屋与周围文物古迹融为一个有机整体。

2. 突出河系特色

以绿化公园的形式再现历史环境，恢复珍贵水面，体现水景和自然野趣，为市民及游客提供良好的室外绿色公共空间。

3. 强调大宅第民居特色

应将菖蒲河公园纳入到整个南池子历史保护街区的保护与利用建设工作中，强化历史氛围，刻画人文特征，营造优美环境，以此为龙头，带动高品位居住社区的有机更新。公园以北的建筑风格应以宅第民居特色为主。

4. 追求清新高雅的文化品位

菖蒲河公园及周围的建筑，是紫禁城宫殿群外围环境的一部分，既要与故宫的环境相衔接，又要与故宫相区别，以清新高雅，朴实无华的青砖灰瓦传统民居色彩烘托金碧辉煌的宫殿群。

7.3.4 风格特点

公园设计力求体现出一种延续、协调与再生的良好关系，在尊重场地的历史文脉的基础上，结合现代的设计手法，通过反复地引导和体验，使公园在有限的空间内显得景观丰富、步移景异、美不胜收，体现为以下几个特点：

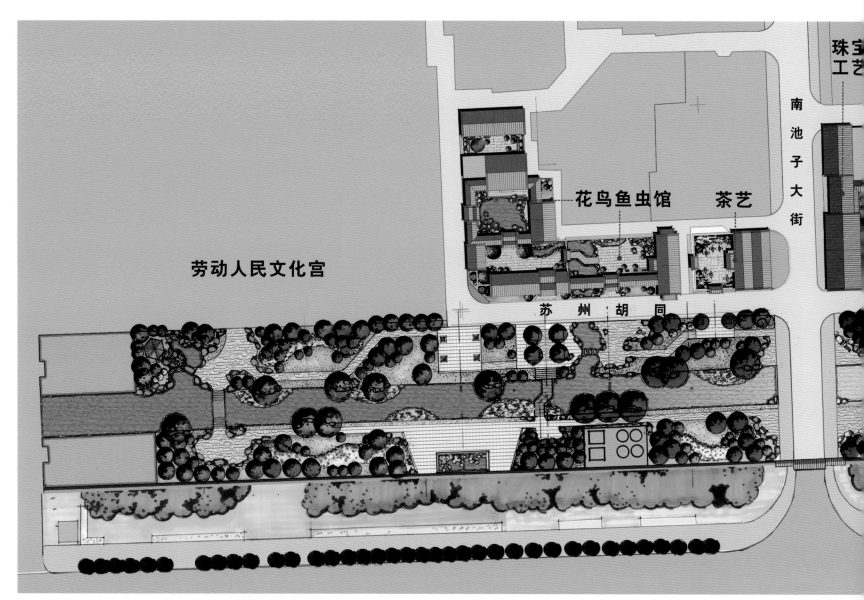

最终实施平面图

景点位置图

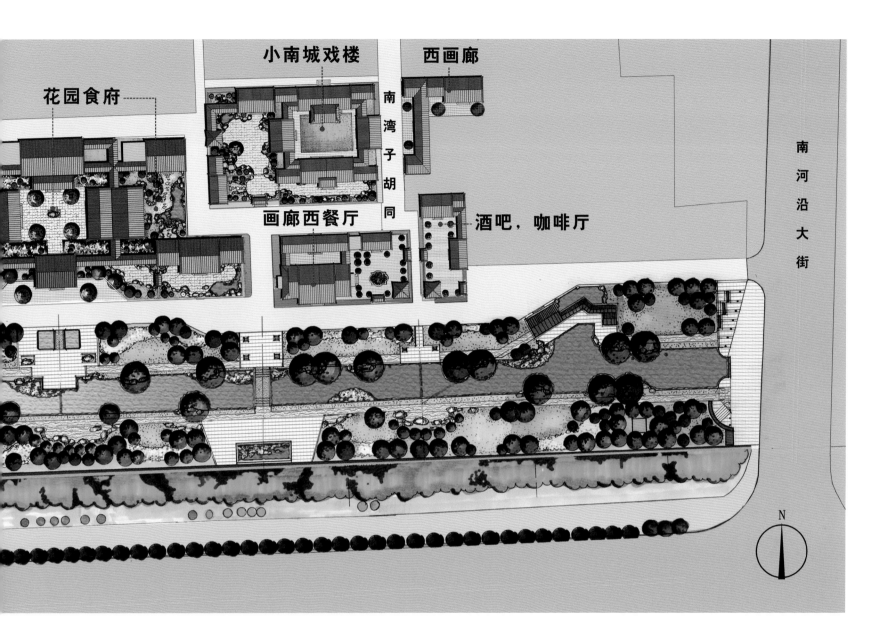

花园食府

小南城戏楼 西画廊

南湾子胡同

画廊西餐厅

酒吧，咖啡厅

南河沿大街

N

东苑小筑 锦屏蒲珠

墙怀古 天妃闸影

菖蒲河公园实施方案总图

1. 修缮并保护文物和历史遗存，再现历史信息

南北两侧的红墙、古河道、涵洞等，以及恢复的牛郎桥和天妃闸都是以原真性为原则，唤起人们对历史的回忆。

2. 尊重和延续地区的文化脉络

菖蒲河原有的文化特点是为皇家提供休闲娱乐的服务场所，我们将延续这一特点；将服务对象变为市民百姓，同时象征性地再现原有景点，如凌虚亭、飞虹桥等，置巨松、点奇石、环花卉，彰显出场地原有的皇家园林特征。

3. 丰富和增强本地区的使用功能及活力

以现代人的行为规律作为设计空间的尺度，设置休闲广场和亲水平台，为大众服务，营建"大宅门"风格的皇城博物馆及商业建筑群，使古老的街区焕发新的活力。

4. 改善区域内的生态环境，恢复历史河道景观

全线种植以菖蒲为特色的水生植物，重现历史上自然野趣、菖蒲满池的河道景观。同时通过净化系统，彻底还清了水质；沿线保留了60余株大垂柳，与新植的植物共同成景，将各个景点掩映其间，相映成趣。

5. 增加区域周边各景点的联系与串联

充实了天安门地区至皇城遗址公园之间的绿色文化景点，形成了本地区新的旅游热点，分散了长安街及天安门地区的游客人流。

菖蒲河公园的建成开放，使皇城根遗址公园和故宫、太庙、社稷坛、中南海连成一个完成的历史文化体系，使皇城东南的历史遗存得到更好的体现，对于提升皇城整体保护的质量开创了一个好的范例。"菖蒲如画、古韵新风"，最终形成了这座镶嵌于皇城核心区、融入周边历史重要景点、尊重历史、自然朴野、满足现代人生活和文化追求的新园林。

公园建成后，首先获得了住房和城乡建设部颁发的"中国人居环境范例奖"，同时作为"北京皇城风貌修复与保护"的范例，又荣获了联合国人居署颁发的"联合国人居环境范例奖"，赋予菖蒲河公园更大的建设意义。

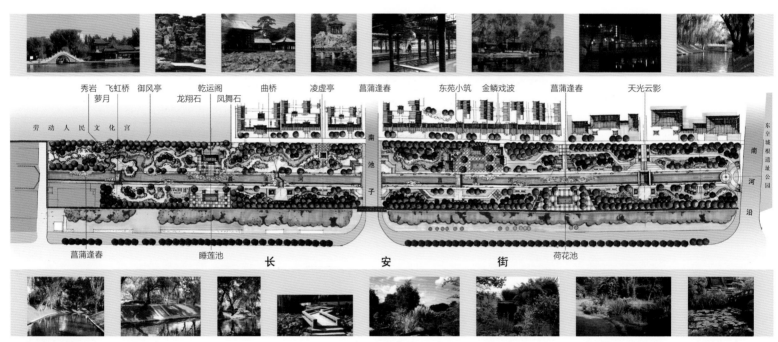

方案阶段平面图

公园东入口的锦屏蒲珠效果图

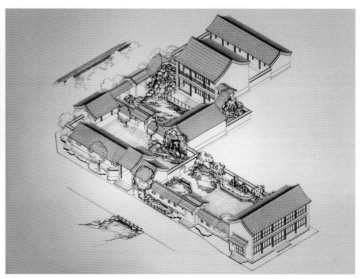

沿菖蒲河的大宅院风格的院落建筑

公园入口锦屏蒲珠方案效果图

公园入口效果图

天妃闸影方案效果图

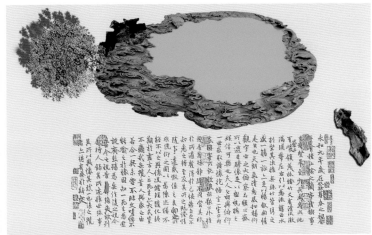

古砚台方案平面图

红墙怀古之古砚台景点方案效果图

公园全景

从公园眺望天安门

文物遗址：恢复的明代河道出水口

红墙怀古

河道景观一

河道景观二

河道景观三

植物景观：保留了场地内的几十株大柳树，河道遇树避让

保留的古槐与恢复的四合院融为一体

保留的参天大树形成标志景观

植物特色：与河道景观结合的水生植物

植物景观：水清岸绿的浓郁效果

层次丰富的植物景观

菖蒲河的秋景

植物特色：大量种植菖蒲，恢复河道历史植物景观

植物景观：水生植物

全线种满菖蒲，既恢复了河道历史景观特色也与南侧全线的红墙形成掩映

植物特色：水生植物与山石结合

牛郎桥的秋景

公园的秋景

文化系列小品之锦屏蒲珠

文化系列小品之锦屏蒲珠

文化系列小品之凌虚飞虹

文化系列小品之红墙怀古－五岳独尊灵璧石

文化系列小品之升腾灵璧石

文化系列小品之红墙怀古

文化系列小品之宫扇

文化系列小品之砚台水池

文化系列小品之天妃闸影

文化系列小品之东苑小筑

文化系列小品之牛郎桥

文化系列之皇城艺术馆

多种形式的园林小桥丰富了河道景观：曲桥

多种形式的园桥：直桥

多种形式的园桥

文化系列之皇城艺术馆

文化系列之东苑戏楼

多种形式和尺度的临水平台满足游人亲水的需求

舒适的滨水平台

园内牛郎桥与园外天安门相互呼应的夜景照明

绿树环抱、两岸呼应的休息平台

休息平台与红墙在绿树中相互掩映

曲径通幽

林荫漫步

园路走向借景天安门

设计细节之水纹岸石

桥头广场

与北侧大宅院的呼应

设计细节之海棠花瓣铺地

7.4 二闸新景——庆丰公园（元代）

项目地点：北京市朝阳区

用地面积：26.7hm²

设计时间：2009 年

获得奖项：2010 年度北京市园林优秀设计一等奖

在有历史遗迹的场所做公园设计时，需要更全面而深刻地认识和理解场地的精神特质，结合新的理念和方法，再生城市景观的空间情景和意境，赋予场地新的活力。充分挖掘、保留和传承有地域特色的元素，是现代景观园林设计师的责任。

在当前的文化背景下，"传承中创新"已成为全社会的文化共识，而如何恰如其分地表达，不仅需要我们不断的探索和完善，更需要用实践去检验和丰富理论的合理性。庆丰公园的设计，在遵循场地的历史文化线索及各种有形或无形的立地条件的同时，以开放的视野和多元的手法，塑造出具有文化特质的空间和新的景观形象，使这一滞后地段重新成为融入城市的有机体。

7.4.1 项目概况

通惠河庆丰公园，以闻名于此的庆丰闸而得名，位于通惠河的西段，东三环国贸桥的两侧，与闻名的北京商务区 CBD 隔河相望。全长约 1700m，宽 70 ～ 260m 不等，分为东、西两园，面积 26.7hm²。改造前是离京城最近的、脏乱不堪的"城中村"，与河北岸高楼林立、国际高端企业云集的 CBD 极不相符。

7.4.2 场地的过去

1293 年秋，元世祖忽必烈从上京归来，看到无数船只停泊码头，船帆遮天蔽日，极为壮观，遂赐名"通惠河"。从此，它成为了大都城的一条生命河，各类物资源源不断被输入北京，带动了周边的繁华。这里当年最出名的就是二闸，即庆丰闸。清末以后，随着运输功能的减弱，因景色优美，这里成为京城百姓和文人墨客踏青聚会的公共水上游览地，著名作家沈从文先生曾写过散文《游二闸》。到

庆丰公园总平面图

清代沈喻《通惠河漕运图》中的庆丰闸局部

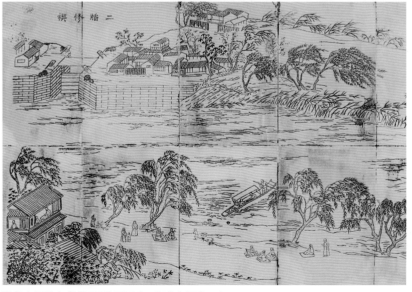

清代完颜麟庆《鸿雪因缘图记之二闸修契图》局部

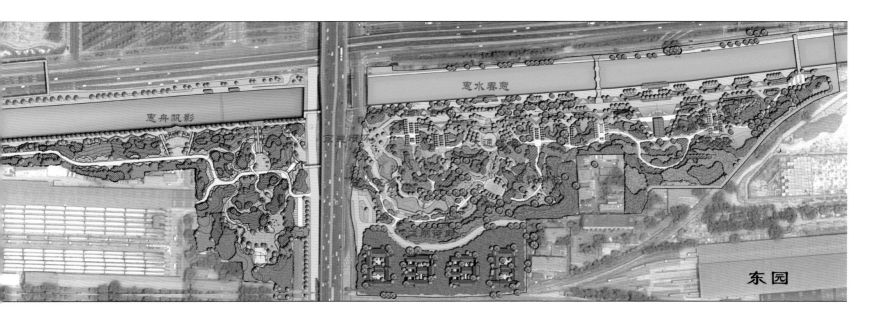

现状照片

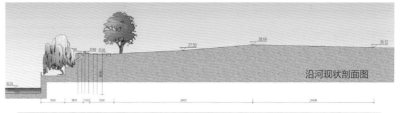

沿河现状剖面图

沿河设计剖面图

河道剖面图　1∶150

改造前后的断面图

从清代描述漕运盛世的《潞河督运图》中提炼船帆和船头两个符号元素，强调运河文化，点明场地特有的历史意义。

《潞河督运图》局部

船帆

船头

提炼船、帆的设计语言

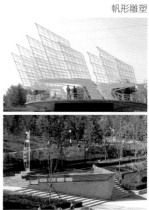

帆形雕塑

船形广场

了 1956 年，通惠河全部做了混凝土硬化，形成了深槽式的河床结构，成为城区最主要的一条排洪河道，周边也开始私搭乱建，变成拥挤杂乱的城中村，往昔的风景与繁华也荡然无存，但数百年积淀下的遗迹与传说，形成了独具特色的通惠河文化。

7.4.3 设计定位

公园正好处在一个传统与现代的交汇点，中间是 700 多年历史的漕运河道和众多的文化遗迹，而对面是代表着首都国际化大都市形象的摩天大厦，如：建外 SOHO、银泰中心、北京电视台等，此岸城、彼岸景，地理位置极为独特。

由于城市的发展建设已使场地周边发生了翻天覆地的变化，已不可能回到从前"北方秦淮"的景象。设计也不能回到以前的单一功能和传统风格的布局，它已经从漕运河道变为现在 CBD 的后花园。我们应该以开放的视野通过这次的有机更新，将其融入新的城市风貌和新的城市肌理之中。

作为现代风格的城市滨水开放空间，它承担着传承历史文脉，彰显现代都市景观、突出绿色生态、满足大众休

现状航拍图

与场地隔河相望
的是现代的 CBD

闲等多种功能。我们希望通过恢复庆丰闸地区独特的文化氛围和文化空间，使其重拾"公共游览地"这一历史角色，再次成为市民钟爱的聚会和休闲场所。

7.4.4 景观空间结构

公园依场地的特质分为 2 个不同氛围的景区空间：北部临河的滨水景观区和南部的自然休闲区，中间以一条蜿蜒的水溪和自然起伏的山丘形成分隔与过渡。

1. 滨水景观区

滨水景观区是呼应北岸的 CBD、临河南侧的 40m 区域。首先将原来的第 2 道 5m 高的混凝土挡墙拆除，恢复了被阻断的河道与城市、河道与人的交流和联系，形成了三层错台式滨水活动空间，视线开阔，使人们可在不同高度的平台上亲水、望水和远眺对岸城市风景，突出看与被看的互动体验。

所有的景点及广场设计，处处动感地体现出与对岸 CBD 的各条景观轴线的延续与呼应，特别是波浪形的大通帆涌广

场和高 10m 的新城绮望观景台两处主要节点，所对应的分别是对岸航空集团花园轴线及 CBD 中央公园的轴线。沿滨水步道每隔 45m 设一个船形眺望台，形成醒目整齐的系列景观，可近观漕运河道，感受昔日繁华；远望都市新景，如一幅都市蜃楼的长卷图画，体会古今交汇，感受时代变迁。

2. 自然休闲区

为呼应周边的多个居住区，公园南侧以体现绿色植物景观为主，为市民休闲提供天然的绿谷氧吧。恢复昔日"无限幽栖意，啼鸟自含春"的宁静朴野的环境气氛，营建山谷水溪，环绕丰富的自然景致。一条叠水花溪串联三个花谷，分别为樱花谷、海棠谷和丁香谷，"清流萦碧，杂树连青"。沿溪设京畿秦淮、二闸诗廊等多个文化景点，使人们在放松身心的同时，体会当年川晴烟雨似江南般如画的景致。

7.4.5 节点塑造

以尊重场地的历史性为原则，沿着明确的文化主线，将通惠河文化中有形或无形的景观元素加以提炼，综合运

公园东园平面图

公园鸟瞰图

滨水景观效果图

大通帆涌广场效果图

古船新意效果图

公园入口的推敲过程

京畿情怀方案图

京畿情怀泥稿

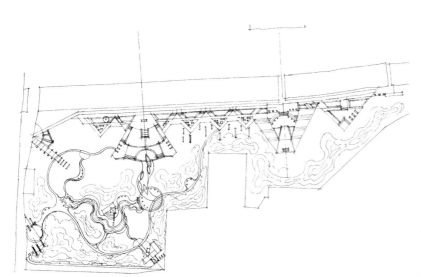

最初的手绘平面

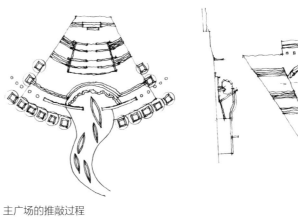

主广场的推敲过程

主题雕塑的推敲稿

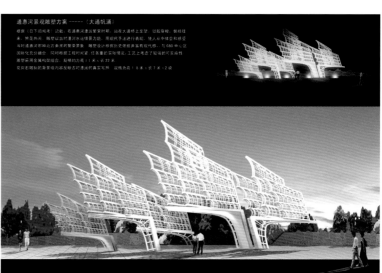

最终定稿的大通帆涌雕塑

沿河改造后对比照片

改造前照片

改造前破败的城中村

改造后实景照片

用"再现与抽象"、"隐喻与象征"、"对比与融合"等手法，塑造出独具场地气质的文化空间和景观小品，激发了游人与场地间的历史记忆和情感纽带。

1. 突出以"船和帆"为设计母题

"舳舻蔽水，帆樯林立"是当年通惠河留给人的印象，在清代《通惠河漕运图》和《潞河督运图》中也都有所体现。因此，提炼船和帆为设计母题，经艺术化抽象后，以现代的材料和新颖的造型，形成本公园独具魅力的景观小品，如波浪形的大通帆涌广场、船形眺望台、各种船形花坛组合、群帆雕塑、帆形灯等，形成统一的、具有视觉冲击力的标志性形象，使公园不仅成为一个生态的场所，同时也是精神和艺术的家园。

2. 点缀文化景点

结合公园的总体布局，点缀和展示体现通惠文化的景点，如京畿秦淮、大通帆涌、庆丰古闸、文槐忆故、二闸诗廊等。通过《二闸修契图》和修建史，提升庆丰古闸历史遗址的展示功能，图文并茂地诠释这段已经逝去的历史。

3. 提倡景观多样

公园的两大景区体现了两种不同的风格，呈现出了多样化的景观形式。滨水景观区的现代风格与对岸现代化的城市肌理和风格相协调，是开敞的、简洁的气氛，硬质景观是几何形的规则构图形式，追求大尺度、明快的风格，植物则以色块和带状树阵为主。而南部的自然休闲区则是几道山谷围合出的，相对封闭，体现自然、宁静、轻松的氛围，硬质材料是朴野风格的青石板、卵石和大量荒料石的组合，植物也是群落式的自然种植，苇草掩映，垂柳疏杨，体现出丰富多彩的季相变化。

7.4.6 建成评价

北京通惠河庆丰公园是传统与现代园林融合的有益实践，于 2009 年 9 月建成，将这一滞后混杂的片区改造成融入城市的新的有机体，得到群众、专家、业主方的一致好评，而且成为代表新北京形象的外景地，多个影视作品在此拍摄。

城市因水而生、因水而兴，滨水地区从来都是城市最活跃的地带。本项目不是单一的景观工程，而是与城市开发、城市经济、社会生活等方面密不可分的综合体。通过设计，赋予城市新的内涵和新的功能，同时又唤起人们对数百年来奔流不息的古河道悠久历史的记忆，使这一地区重获新生，成为一个充满活力、吸引人关注的地方。公园的建成实现了现代商务与历史文化、自然生态的完美结合，重塑了城市形象，实现了对北京核心经济圈投资环境的优化和有力补充，现在这里已经成为北京一条横贯东西靓丽的文化景观带。随着新一轮 CBD 东扩方案的确定，必将加快实现规划中的"一河十园"的景观建设。

文槐忆故夜景

景点之一京畿秦淮

镜影池倒映出对面现代的林立高楼

景点之二文槐忆故

景点之三叠水花溪

公园主入口

文槐忆故

叠水花溪

大通帆涌广场

叠水花溪亲水挑台

大通帆涌主广场

从休闲广场看主雕塑

大通帆涌主雕塑

群帆雕塑

帆形主雕和船形花坛

绿树掩映的花舟

大通帆涌雕塑

大通帆涌广场

新城绮望观景台

新城绮望观景台

从观景台眺望对岸

二闸诗廊

临河高低错落的景观

将原来的高挡墙处理成滨水三层错台

将原来垂直的高挡墙设计成舒缓的平台

船形挑台和帆灯构成统一整体

舒适的临水平台

船形眺望台

帆灯夜景

呼应主题的帆灯造型

银枫幽谷

旱溪雨水花园

银枫幽谷

公园次入口

西园入口

惠舟帆影

古槐树及休息广场

自然野趣的木栈道

7.5 朴野现代——通州商务园滨河公园

项目地点：北京市通州区

用地面积：40hm²；长约 4km

设计时间：2007 年

获得奖项：2012 年北京市第十六届优秀工程设计二等
奖、2013 年全国优秀工程勘察设计行业园
林景观二等奖

7.5.1 项目概况

通州商务园滨水公园（通州新城滨河森林公园北区）
位于温榆河畔，是通州新城滨河森林公园和温榆河绿色生
态景观廊道的一部分，东西两岸总长共计约 4km，面积约
40hm²，整体构思为营造一个"自然、现代"的绿色生态景
观廊道。

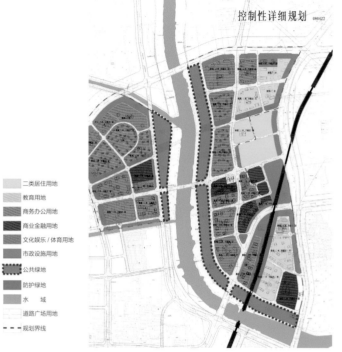

控制性详细规划

二类居住用地
教育用地
商务办公用地
商业金融用地
文化娱乐/体育用地
市政设施用地
公共绿地
防护绿地
水　域
道路广场用地
规划界线

地块用地控制性规划

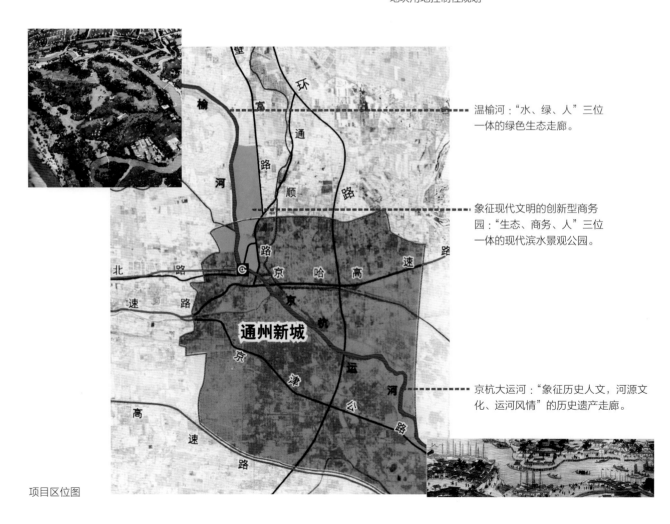

温榆河："水、绿、人"三位
一体的绿色生态走廊。

象征现代文明的创新型商务
园："生态、商务、人"三位
一体的现代滨水景观公园。

京杭大运河："象征历史人文，河源文
化、运河风情"的历史遗产走廊。

项目区位图

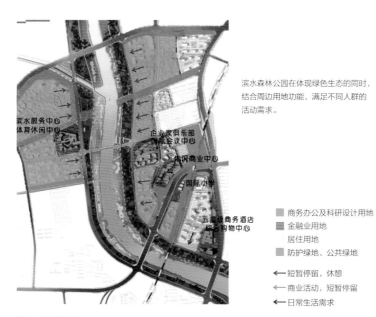

滨水森林公园在体现绿色生态的同时，结合周边用地功能，满足不同人群的活动需求。

滨水服务中心
体育休闲中心

企业家俱乐部
国际会议中心

休闲商业中心

国际小学

五星级商务酒店
综合购物中心

■ 商务办公及科研设计用地
■ 金融业用地
　居住用地
■ 防护绿地、公共绿地

← 短暂停留，休憩
← 商业活动，短暂停留
← 日常生活需求

服务人群分析

现状照片

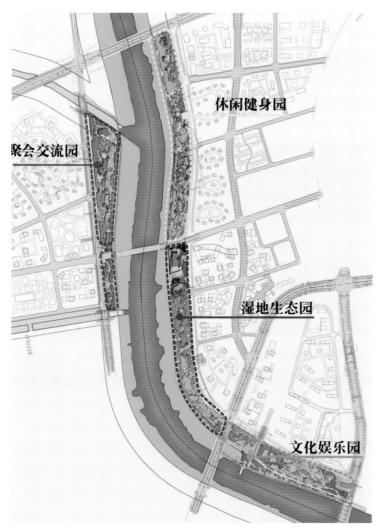

休闲健身园

聚会交流园

湿地生态园

文化娱乐园

景观分区图

景观功能布局规划：

在确定了滨河公园整体思路的前提下，各区段的典型功能分区，应结合现状的地貌特征现状植物，主要依据园区内的建筑用地规划的不同性质，结合周边地块的功能，体现和强化本区段的特征景观和活动内容来定位分段主题公园的核心特色。

由南到北依次为：文化娱乐园→湿地生态园→休闲健身园→聚会交流园（河西）

7.5.2 设计理念

融自然之美与现代商务于一体的滨水公园。

"以水为魂、以林为体、林水相依",通过滨水公园所建立起来的开放空间体系,使商务园内部绿地形成一个综合的绿色网络系统,促进和提升整个区域价值。

充分挖掘自然、历史及人文资源,恢复、保护和提升环境生态和人文景观,突出自身特色,保持场地内可利用的现状,使环境生态及地区文脉得到延续和可持续发展。大量保护利用现状树林,以种植乡土树种为主,注重复层种植结构,充分发挥水与林的生态优势。

适度建设休闲设施,为本区域的企业和民众提供一个绿色氧吧中赏心悦目的休闲环境及活动场所,使之成为展示园区工作和生活的舞台。

7.5.3 功能分区

结合现状的地貌特征、现状植物,依据园区内建筑用地规划的不同性质,结合周边地块的功能,园区由南到北依次为:文化娱乐园(河东岸)→湿地生态园(河东岸)→休闲健身园(河东岸)→交流集会园(河西岸)。

1. 文化娱乐园

该区域是京杭大运河的连接点也是滨河公园的入口公园,故应体现文化的延续性还要兼顾园区的文化内涵和企业形象。主要布置临水观景平台、挑台和休息座椅。

2. 湿地生态园

利用现状洼地改造,通过多样的植物与景观结合,形成了"水清、岸绿、花香、鸟语"的湿地生态环境,人们或行走或停驻,都能够在丰茂的自然环境中愉悦身心,亲近自然。

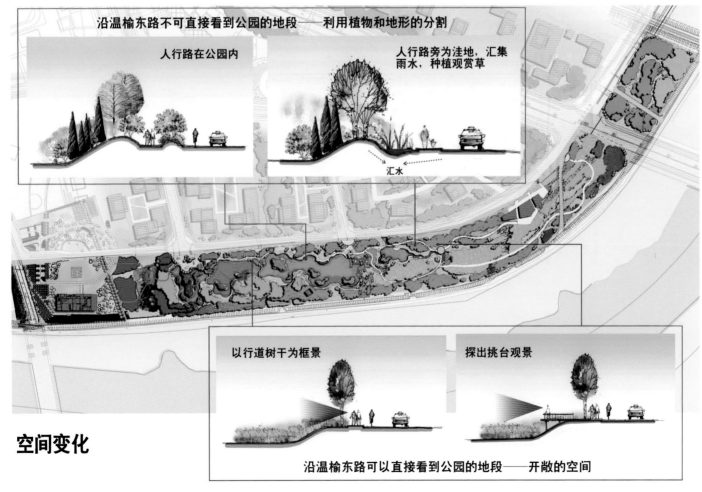

空间变化

利用植物和地形塑造空间

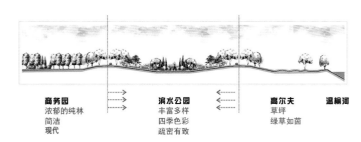

园区景观与周边用地相互渗透

公园的横断面图

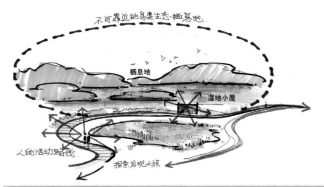

良好的生态环境吸引各种鸟类

3. 休闲健身园

该区域周边是大片的商务办公居住用地，提供并吸引人们在阳光与绿树间接触自然，保留了大量现状林木，对林间空地进行改造，加入木栈道、木平台和林间活动区，提供林中休憩、聊天、阳光浴等大小不同的空间，满足多种室外活动的需求。

4. 交流集会园

此段绿地最宽，且西侧地段规划为金融商务用地。此处设计有较大的活动空间，可用于园区内的企业举办交流活动。各个大小不同的空间或藏于林中，或临于水边，或者就是林间几块看似随意布置的汀步，都是人们驻足停留、观景活动的绝佳场所。

公园局部鸟瞰图

公园整体鸟瞰图

7.5.4 生态特色

由于本项目独特的地理位置，上游是温榆河绿色生态走廊，其绿色生态景观廊道的作用也需要充分考虑。通过植物创造的生境，逐步累积和放大生态效益、绿色能量的辐射和输出，起到了改善周边生态环境的作用。

1. 植物规划

植物规划首先考虑的是整体河系规划中绿色走廊的延续，以乡土性、自然化为原则，以大片风景林为主，形成统一的绿色景观，同时可以分隔外界的喧闹，营造静谧舒适的环境。

保留和尊重现状林木。场地现状林木覆盖率较高，有一定的景观效果，并且已经发挥了良好的生态作用。整体

基调树以柳树、毛白杨等速生树种为主，形成一条绿色生态廊道。保留了12200株杨树、2500株柳树、1900株银杏、700株椿树、240株槐树、2340株杜仲、1600株桃树和少量油松、柏树、榆树、桑树、梧桐、白蜡、梨树、杏树等。保护原有乡土植物生境及生物栖息地。

结合现状发挥植物特色。考虑保护和建立多样化的乡土植物生境和生物栖息地，建设以现状乔木为骨架，木本植物为主体，以生物多样性为基础，以乔灌草藤复层结构为形式的绿地。根据各滨水分段的主题公园，配以不同的特色植物，形成四季变化丰富的植物多样性走廊。

文化娱乐园——春花园（春景种植区）。这是人流进入公园的区域，故应考虑浓烈色彩烘托气氛，在现状基础上加植春秋色叶植物和常绿树，如白蜡、银杏、油松等。

自然朴野环境中简洁现代的亲水平台

亲水平台与临水铺装场地的自由过渡

湿地生态园——湿地植物，野生植物群落。在这里要体现湿地生态景观及向陆地的延续，可多种植水生植物（如芦苇、千屈菜、香蒲等）和浆果类（如西府海棠，山楂等）、蜜源植物（如波斯菊等），招引鸟类、蝴蝶等野生动物。

休闲健身园——花树行云（秋色叶种植区）。在现状林缘增加常绿树：油松、桧柏、云杉；在林窗、林下增加耐荫植物，如珍珠梅、金银木、苔草等；同时结合微地形搭配种植易于管理的 0.2 ～ 1.5m 高的观赏草，如丽色画眉、狼尾草等。

交流集会园——夏花园（夏景种植区）。植物的特色突出朴野大气、成片栽植山桃和梨树等。

2. 湿地景观

公园依据现状低洼的地势及现状水沟和鱼池的特点，

结合现状柳树，依林面水的观景木平台

设计了一处突出以生态保护科普教育、自然野趣和休闲游憩为主要内容的湿地景观，在现有的低洼地的基础上，修复和扩大湿地水塘面积，人工改善和建造一个野生生物的生境，各种大小不同的水溪池塘与温榆河广阔的水景景观共同构成意境不同的水景空间。尊重和模拟湿地自然生态的过程，为多种湿地动植物提供适合其气息和繁衍的生境，使人们漫步其中能近距离观察野生动植物，在游憩放松之余得到一些湿地科普知识。

在水系中央设若干鸟岛，将人的活动与动植物生长栖息地相互动静分开互不干扰。岛上种植鸟类喜欢的有核果、浆果、梨果、球果等肉质果的植物，吸引鸟类来觅食休息。于距地面 4 ～ 5m 遮阳避光安静之处悬挂巢箱招引鸟类。

创造水深不超过 40cm 的池塘沼泽，有利于两栖类动物如青蛙等的活动，在栈道周围高低错落地栽植各种水生植物。

湿地的水源为自然降水或温榆河河水，为了减少补水量，根据现有的水沟位置设计一条带状生物净化河道，将整个湿地的水定期抽到源头进行循环、净化，同时展示了湿地的净化功能，汇集雨水，体现了生态环保的理念。

7.5.5 景观特色

滨河公园的上游是温榆河绿色生态走廊，下游的京杭大运河是象征历史人文与河源文化、运河风情的历史遗产走廊。地处一个承上启下的位置，项目需要生态和文化兼顾，将体现"生态·商务·人"三位一体的理念融入绿色生态景观廊道的设计中，在和谐的自然环境中点缀、融入质朴风格的现代景观元素。

区别于普通生态公园单纯强调生态朴野风格，本项目独有的特点是周边沿线遍布现代感极强的商务园功能建筑，同时又紧邻自然的河道及植被景观，需要"自然"和"现代"

丰富多样的植物景观

景观桥 - 吊桥形式

营造自然的环境 配置丰富的水生植物

营造自然的环境 配置丰富的水生植物

两者间的鲜明对比和有机融合。既要保持非常自然的野趣风情，又要配合现代商务园区时尚，将现代创新商务园的高效、便利、简洁的功能融入景观设计中去，体现现代与朴野并存的风格，两者相互映衬，完美结合。

在通州新城滨河森林公园的设计和建设过程中，倡导保护乡土植物生境和生物栖息地，设计符合周边人文特点，适当融入人们活动的生态城市开放空间。本项目作为沿温榆河绿色景观廊道的一部分，建成后通过园林工人的精心养护，林木遍地，鸟语花香，生态构架初具规模，优美的环境和舒适的活动场地吸引了周边居民的使用，达到了较好的设计效果。

多种变化的自然风格驳岸处理一

多种变化的自然风格驳岸处理二

多种变化的自然风格驳岸处理三

自然石驳岸

营造自然的环境 配置丰富的水生植物

现代造型朴野风格的休息廊架

林间木栈道，穿插在现状密植的杨树林间一

林间木栈道，穿插在现状密植的杨树林间二

林间木栈道，穿插在现状密植的杨树林间三

林间木栈道，穿插在现状密植的杨树林间四

结合场地中各种现状杨柳树林，营造简洁舒适的林下空间五

自然林下自由延伸的木栈道六

创意休闲空间

林间木栈道，穿插在现状密植的杨树林间七

简洁现代的创意空间

结合场地中各种现状杨柳树林，营造简洁舒适的林下空间

休闲运动空间

林荫休闲广场

丰富多样的林下空间

用自然的浆砌石台地景墙处理高差

以自然的材料搭配体现简约、新颖的风格——园路一

以自然的材料搭配体现简约、新颖的风格——园路二

以自然的材料搭配体现简约、新颖的风格——园路三

以自然的材料搭配体现简约、新颖的风格——园路四

园路以自然的材料搭配体现与环境融为一体

丰富多样的植物景观

"朴野之美"风格的地被植物：波斯菊、醉鱼草

"朴野之美"风格的地被植物：狼尾草

"朴野之美"风格的地被植物：玉带草、狼尾草

7.6 阔水平林——大运河森林公园

项目地点：北京市通州区，北起六环路，南至武窑桥

用地面积：633hm²，其中水域 150hm²

设计时间：2007 年

获得奖项：2010 年度住房和城乡建设部中国人居环境
范例奖、2013 年度北京市园林优秀设计一
等奖、2015 年北京工程勘察设计优秀工程设
计园林景观一等奖

7.6.1 项目概况

北京市通州区大运河森林公园，位于北京东郊北运河
两侧，北起六环路，南至武窑桥，河道全长 8.6km，总占地
面积 6.33km²（约 9500 亩），其中水域面积 1.5km²。

公园于 2007 年开始创意规划，2009 年 4 月开工，于
2010 年 9 月竣工落成，开始并向社会开放。

7.6.2 设计目标

深入挖掘古运河的历史文脉，发挥以大运河为主的自
然优势条件，通过植物造景营造特色滨水空间，创建具有
运河本来的自然、生态的田园风光。

航拍现状图

公园区位图

项目地点及土地现状

项目位于北运河六环路外地带，北起六环路潞通桥、南至武窑桥，位于北运河新筑大堤之间（建设范围包括大堤堤坡外10m绿化工程，但不包括巡河堤建设），全长约8.6km，规划用地总面积9507.6亩，其中水面2288.2亩、片林1098.2亩、果树1355.6亩、苗圃501.4亩、农田1028.9亩、白地3064.4亩、其他170.9亩。项目用地地形平坦，具备进行滨河森林公园建设的良好条件。

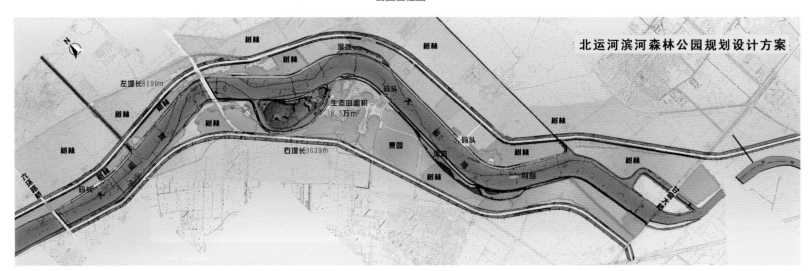
总图部分

7.6.3 规划理念

公园整体以北运河为中心，贯彻"以绿为体、以水为魂、林水相依"的规划原则。结合城市生态修复、市民旅游观光的需要而建设。遵循整体、特色、历史、综合利用的原则，体现大运河自然、生态、田原风光的特质。

建设目标：整治河道，还清碧水。万亩林海，改变生态。运河景观，传承文脉。休闲旅游，造福后代。

景观定位：远观整体，气势宏大，大水面、大树林、大景观。近看美景，舒适宜人，有园、有景、有花、有趣。

四大特色：运河平阔如镜——水；平林层层如浪——树；绿杨花树如画——景；皇木沉船如烟——古。

基本构架：一河、两岸、六大景区、十八景点（寻找古运河自然景观）。

景观构架及特色　　　　　表 7.6-1

六大景区	十八景点	景观特色及功能
潞河桃柳景区 （潞通桥至宋郎路桥河两岸）	桃柳映岸 茶棚话夕 皇木古渡 长虹花雨	滨水景观 文化运河记忆 运河记忆 休闲
月岛闻莺景区 （河中生态岛及周边）	月岛画境 湿地蛙声 半山人家	登高瞭望 湿地科普 管理中心
银枫秋实景区 （左岸农田处）	银枫秋实 枣红若涂 大棚囤贮	科普 历史景观 历史记忆
丛林活力景区 （右岸杨柳林处）	风行芦荡 丛林欢歌 双锦天成	景观 游戏 服务
明镜移舟景区 （甘棠大桥及橡胶坝）	明镜移舟 夜色涛声	码头、划船 听涛赏月
高台平林景区 （甘棠大桥至武窑桥）	平林烟树 绿杨香舟 高台浩淼	森林景观 果林杨柳休闲 历史记忆、瞭望

赏花的路——夏景

主要树种——国槐、小叶白蜡、柳梨花、木槿、紫薇、杏花、桃花、海棠、连翘、榆叶梅、锦带花

赏花的路——春景

自然树林延伸至路两侧，取消规则式行道树

穿过树林的路——春景

主要树种——银杏、油松、桧柏、国槐、刺槐、元宝枫、小叶白蜡、垂柳、立柳、金银木

穿过树林的路——秋景

主要树种——银杏、油松、桧柏、国槐、刺槐、元宝枫、小叶白蜡、垂柳、立柳、金银木

一河两带－绿化种植方案

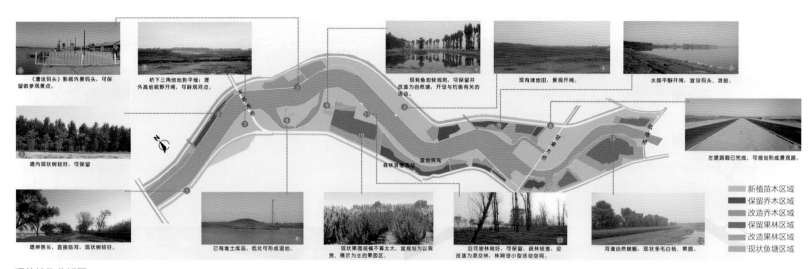

现状植物分析图

现状用地分析图

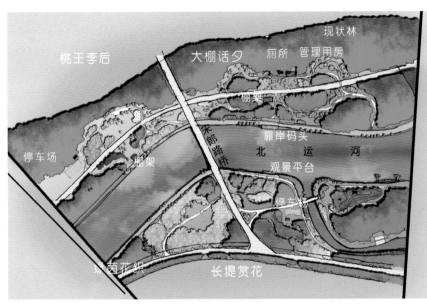

春花园平面图

春花园鸟瞰图

右堤现状岛

左堤现状滩地

左堤市政路

左堤现状鱼池

现状照片

7.6.4 景观小品

共分为两类，分别是文化小品和生态小品：

1. 文化小品

文化小品是体现运河悠久历史文化的重要手段，全园共三处，但都起到了画龙点睛的作用。

《潞河督运图》：利用现明镜移舟坝头状高差所建的《潞河督运图》景墙，重现了运河繁荣昌盛的历史画面。《潞河督运图》绘制于清朝乾隆年间，长达6.8m，河道上漕船穿梭，河道两岸桃红柳绿，田园、农舍、店铺、寺庙错落有致，随处可见的商贾、官吏、船工，一派繁忙景象。画卷有中国著名建筑学家朱启钤先生的题跋："《潞河督运图》，意味尤近乎张择端《清明上河图》之作，允为国家重宝"。

运河开漕节：右岸柳荫广场配合码头游船，设置了一组反映运河开漕节的文化墙。在明清两代，忙碌于京杭大运河之上的漕运是维持国家正常运转的一根生命线。开漕仪式更是一件关乎社稷的大事。开漕节即庆祝首批漕粮至通的日子，始于明代，日期定于每年农历三月朔日。每临开漕节，朝廷户部侍郎、巡仓御史等中央掌漕官员、地方官吏同北京民众数万齐集通州城东运河西岸，共庆首批粮帮运船到达。开漕节仪式有很多丰富的内容，从龙旗到港、祭拜坝神、开关验粮、漕粮入仓，到全粮上坝，凤旗返航。

雕塑整体造型意指停靠码头的运粮船只首尾相连、舳舻蔽水的繁荣景象，浮雕画面内部应用铜雕镶嵌、浮雕线刻等艺术表现手法，展现了漕船入京、开漕庆典、漕粮入仓、祭拜坝神等文化内容，还原了昔日的历史景象，展现了通州大运河独特的历史漕运文化。

验粮密符扇：在运河左岸保留了影视剧拍摄留下的漕运码头，并将剧中密符扇的故事通过雕塑展现给游人，趣味盎然。密符扇是古代军粮经济验粮时表示验收的特定标记。是朝廷授予漕运军粮经纪人员职级工作凭证，素有"认扇不认人"之说。密符在扇面上疏密相间，排列有序，互相映衬，协调美观。横看五排，竖观十行，一面五十，两面一百。每组密符，上面符形，下注符名。密符在使用时只画符形，局外人望之不知符名，难知使用者姓名，更难探知漕粮隐情，具有双重保密性。密符扇上所绘一百个密符，

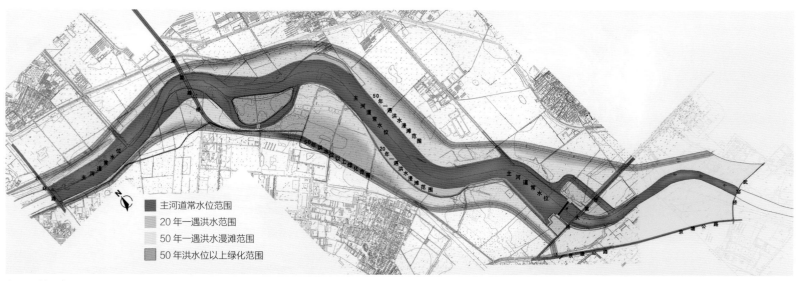

大运河洪水位分析图

图例：
- 主河道常水位范围
- 20年一遇洪水范围
- 50年一遇洪水漫滩范围
- 50年洪水位以上绿化范围

是由三教九流民间人士创制，带有从运河飘来的南国风情、民间色彩和江湖气味，包含创符人辛劳和智慧的结晶。百个密符风格迥异，各有寓意。或寄托于符形之后，或隐含于字画之中，若隐若现，引人从不同角度观赏、体味运河遗风。密符扇主题雕塑将这一独特的漕运文化加以突出表现。巨大的扇面主体，与反映当时漕运官员验粮收粮的场景相互映衬，呈现了大运河漕运独特的文化特色。

漕运码头：当年为了电视剧《漕运码头》的拍摄，建造了第一座仿古漕运码头，并开放了运河沿岸所有自然景观供剧组拍摄。可以说大运河森林公园是电视剧《漕运码头》的重要取景拍摄基地。现在这些外景地，正好被我们保留用作"银枫实秋景区"内的一处文化节点。整个漕运码头再现清朝中期漕运的场景，码头上仿古青舍建筑、绿色琉璃瓦顶的过斛厅以及小青瓦屋顶的辘轳井房，似乎都在讲述着曾经发生的繁忙热闹的盛景。

2. 生态小品

大运河森林公园的总体设计中，突出历史上大运河本来的自然、生态、田原风光的特色。在生态小品的设计中也必须紧扣这一主题特色，以期达到浑然天成的景观效果。

在生态小品的建设材料选择上，我们尽量采用去皮原木，以保留木材本身的自然纹理，用碳化的防腐处理方式，以减少化学制剂的使用。采用木板瓦或茅草屋顶，彰显景

运河官船

古老运河

堤岸　　　民居　　　码头　渡船

创意来源 - 潞河督运图

观的自然与和谐。基础尽量采用天然毛石，减少开挖、砌筑等土建工程及钢筋混凝土的应用。以期尽量减少的对大运河自然环境产生损害。尽可能地降低对自然地貌的扰动。

丛林迷宫、丛林剧场：将迷宫游戏搬入森林中，通过在林间园路上设置木人拦截、木桩阵、矮竹篱等设施为游人行走增加困难和障碍，丰富游戏体验，还在场地中设置了林间木屋和眺望台等设施，以毛石、实木、仿真茅草为主要材料，体现郊野生态、古朴自然的设计理念，林间还有动物造型的小品，体现丛林迷宫的趣味性。看台依地形而设置座椅，座椅采用半圆实木，实木间通过榫卯连接，看台间园路采用木板、碎石铺设。

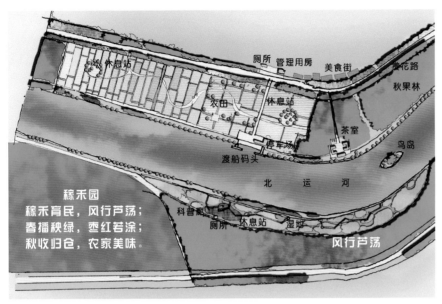

嘉禾园－平面图

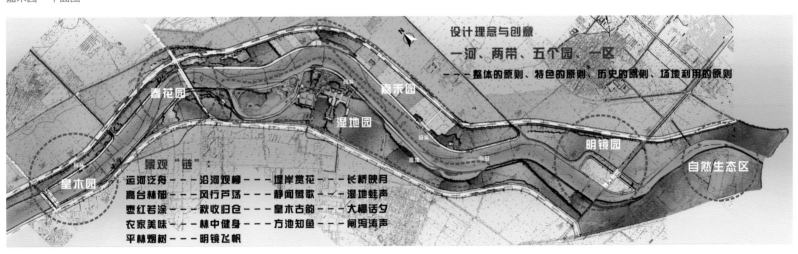

总平面图

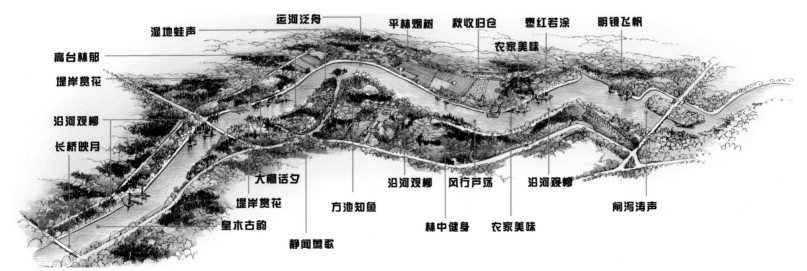

全景鸟瞰图

7.6.5 绿化种植

绿化种植是森林公园建设的主体，以桃柳映岸、春林筋咏、月岛闻莺、风行芦荡、银枫秋实、林静涛声、丛林欢歌等为主题植物景观，体现大运河植物大景观的恢宏气势和丰富多样。只有成规模的绿化种植，才能更好地发挥植物的生态效益。

1. 树种选择

用乡土植物唤起人们对古老运河的记忆，以杨、柳、榆、槐、椿为大乔木骨架，连同枣、桃等大片果树和农田，以及芦苇等湿生植物，构成了运河两岸典型的自然、生态、田原风貌。

运河两岸多为沙壤土，结合洪水位高度和不同高程适地适树地选择树种：防洪大堤——大部分面积在50年一遇洪水位以上，可结合道路选择春花和秋叶树种。滨水绿化——滩地为主，在20年一遇至50年一遇洪水位之间，选择深根、耐水湿的立柳、白蜡等作为基调树种。

2. 种植形式

应用大面积混交林、复层种植、人工模拟自然群落、大面积混播野生地被等手段，来创造生物多样性强的群落结构，降低养护成本，实现高碳汇目标。同时实现四季景观规划。

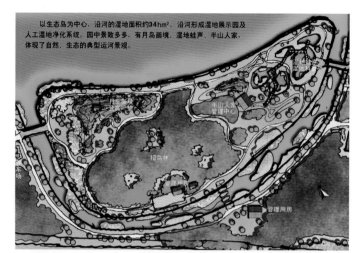

月岛闻莺景区

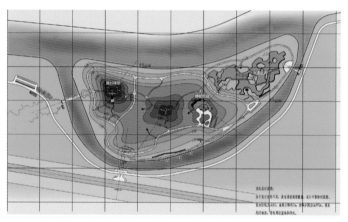

湿地鸟岛竖向图

湿地园生态岛鸟瞰图

月岛闻莺鸟瞰图

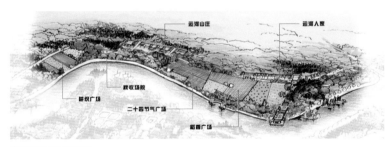

嘉禾园鸟瞰效果图

明镜园平面图

改变古运河两岸少常绿、少彩叶、沙土裸露的现状，增加常绿树，与高大、快长的杨柳槐林和中慢长色叶树混交，丰富林相；增加林下耐阴花灌木，使绿量最大化；大面积野花组合地被，不但可以达到黄土不露天，更增加各季花卉景观。

延续和强化长水面、大尺度、大林地的绿化景观，切忌做小、做碎。从河道至堤岸，设计湿地——灌木——乔木的景观结构，不仅防洪，而且能创造出多生境、多层次的景观效果。

沿河湿地——湿地蛙声、风行芦荡。以生态岛为中心，沿河的几块湿地各具特色，形成湿地展示园及人工湿地净化系统，展示北京乡土湿地植物的多样性。湿地蛙声以科普为主，展示北京常见的五个水生植物群落。同时，设计蝴蝶、蜻蜓、昆虫和青蛙等湿地动物所喜爱的小溪、洼地、草地等生境。

风行芦荡是右岸河流湿地，是对古运河自然景观的恢复。现场是高程一致的浅水区，设计在此开挖浅沟水道，引入河水分隔出若干湿地岛，岛上缓坡种植大面积的芦苇、菖蒲，繁殖期的鸟类可在几个略高的小岛上孵化，提供了很好的候鸟、水禽的栖息地。常水位的变化带来丰水期和枯水期的不同景观。只在南北两端局部设置木栈道深入到

自然生态景区平面图

主河道边，河心岛和左岸农田湿地一览无余。

北方田园——桃柳映岸、银枫秋实。桃柳映岸是沿巡河道的滨水植物景观带，成片栽植垂柳、碧桃、千屈菜，滩地、堤坡大面积植桃、杏、梨、李，形成一片杨柳一片桃的滨水景观，可水、陆两线赏花观柳。

银枫秋实是左堤河滩地大面积混交林，大量种植银杏、元宝枫、白蜡、紫叶李和油松、桧柏等秋色叶针阔混交林。单树种片林控制在 30 ~ 100m。沿河两岸有双锦天成、枣红若涂等利用现状果园改造提升的景点，忌小而全，就突出枣、桃、樱桃三个品种。

河道林带——林静涛声、丛林欢歌。林静涛声景区，保留大量现状杨树林和洋槐林，高大的竖线条植物倒影水面，更显河面平阔。林缘改造林相，以针、阔、灌混交林的形式，丰富林冠线和林缘线，将整齐的人工林开辟出林窗、林隙、疏林、林缘开阔带等多种形式，林下或林中空地设计成大小不等的休闲、运动空间，或培育原生地被，林缘增加常绿树、花灌木，改造为自然混交林。这些大尺度景

观生态林连续 500 ~ 1000m 不等，气势雄壮。

丛林欢歌景区，根据现状按提升、改造、保留三种类型对林地分区域进行改造，通过复层种植形成绿色围合空间，在节点内大量栽植大规格苗木，通过异龄树搭配种植形成近自然的森林景观；尽量保留现状树及地被，林间增加耐荫灌木，维持近自然的生态环境，同时对地域乡土气息起到保护延续作用。

景观生态——双锦天成、丛林迷宫。重要节点创造群落景观，中尺度空间如锦鲤池和桃花源组成的双锦天成，小尺度空间的丛林迷宫。

双锦天成——设计利用现状鱼池，将原来小而狭长的水面进行扩大，通过土方整理、改造水岸形式，做出自然迂回、曲折蜿蜒的水岸线。设计将原来不连贯的水面进行连接，通过现状保留的湖心小岛分隔水面形成丰富的滨水景观空间。

桃花源利用现状桃园改造而成。借用陶渊明《桃花源记》的描写，通过发现桃源、探寻桃源、小憩桃源、采摘桃源等景观情景来打造桃花源景点。

丛林迷宫——采用多层复层＋密植小灌木，形成封闭小空间。上层：国槐＋桧柏，栾树＋元宝枫＋云杉；中层：紫薇＋木槿＋丁香＋锦带花＋珍珠梅＋女贞；下层：红瑞木＋迎春＋金叶女贞＋黄杨＋沙地。

生态岛招鸟林——月岛闻莺。右岸浅水区生态岛，形似弯月。其中中心山地为密林灌丛区（鸟语林），位于水域外围大于 50m 宽的景观林地及中心观鸟岛，以高大乔木林为鸟类提供安全筑巢的场所，兼顾灌丛型鸟类。选择鸟类喜欢的核果、浆果、梨果、球果等肉质果类植物，如柿树、桑树、山楂、杜梨、樱桃、山杏、金银木、紫珠等。

茶棚话夕

堤路景观——春林筋咏。堤顶路较特殊，特别是左堤路，是公园范围内的市政路，近 10km 的堤路既要通畅、安全，也要有起伏、变化的景致。以自行车代步既健康便捷又低碳环保。我们创造性地将自行车道上下行都安排在近河一侧。机非隔离带 2~5m 宽，与堤路内外边坡绿化统一树种、统一自然式复层种植。以 200m 一个标准单元的大尺度节奏，与滩地杏花、桃花、海棠、梨花、果园景观互借、互动，形成了一条非机动车优先的赏花穿林的风景游赏之路。在此成功地举办了北京市自行车公路赛。

皇木古渡

大树景观——大柳树广场、红枫码头。现场有一些大树很有姿态和历史感，以柳树、刺槐居多。如大柳树广场，一组大柳树结合运河开漕节的历史，设计了游船码头广场和服务设施，凸立于岸上，与建成的银枫秋实景区内的红枫码头遥相呼应，这两处都成为了公园标志性的景点。

枣红若涂

通州旧城改造有不少需要移植出来的大国槐、大榆树等，我们把这些树加以妥善保护，在运河公园建设中，被巧妙安排在榆桥春色及公园主入口等重要节点。使公园更像在这块土地上自然生长出来一样，既为公园增色，又为通州城留下了历史的记忆。

风行芦荡

大运河森林公园，共种植落叶乔木约 8.5 万株，常绿乔木约 3.5 万株；花灌木 18 万株；地被（包括地被、花卉、水生植物、野花组合草坪）253 万 m^2；各类植物近百种；确保公园建设的绿地率在 90% 以上。常绿落叶比 1：2.4。

本工程是北京市政府的重点工程，经过精心设计和尽职尽责的现场配合，以及后期完善的细致管理，获得了社会各界的普遍好评，2013 年被评为国家 AAAA 级旅游景区。

银枫秋实

湿地蛙声景点效果图

月岛闻莺植效果图

桃柳映岸植物景观效果图

林静涛声景点效果图

春花园鸟瞰图

运河码头效果图

湿地景观效果图

风行芦荡植物景观效果图

沿园路植物景观效果图

运河总体鸟瞰图

运河开槽节方案效果图

潞河督运图方案效果图

验粮密符扇方案效果图

皇木沉船方案效果图

潞水帆樯方案效果图

公园入主口

主入口景石

风行芦荡秋景

风行芦荡夏景

银枫秋实景区

连片的荷花景观

月岛闻莺全景

生态小品 – 趣味景亭

丛林迷宫

茅草休息亭

森林剧场

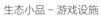

生态小品 – 游戏设施

儿童喜爱的攀爬架

朴野风格的游戏设施

文化系列之一潞河督运图长卷

红枫广场－运河纤夫全景

文化系列之二运河开漕节景墙

千帆竞泊

文化系列之三密符扇

密符扇－运粮

人物小品

文化系列之四二十四节气广场

文化系列之五运河纤夫

船形树池组成的大柳树广场

新开通的游船码头

穿过花海的堤顶路

从临水眺望台看大运河的宽阔的水面

游船码头

芦花雁影的自然景色

改造后良好的生态环境吸引过来大量的鸟群

在朴野自然的芦苇荡中泛舟

水天一色的宜人景观

冬天的公园景色

冬天的大柳树广场

结语：构建历史文化遗产廊道

我们身处于国家的转型阶段，时代给我们提供了各种机遇和挑战，我们在亲身参与、不断探索与实践中建成了一大批代表了这个时代特色的园林。有坚守有妥协，有成功有失败，有欣喜有失落，感悟良多。最欣慰的方面就是这些宝贵的历史遗存和文化传承，使我们在今天，徜徉在这座城市里，仍然能够感受到鲜明浓厚的历史色彩，仍然能够感觉到古城文化空气蕴藉的醇郁。这就是古城北京的魅力所在。下一步我们设想继续将这些文化型公园与散落在城市各个角落的文化资源进行整合串联。使其在不可避免的现代城市建设活动中得到有效的保护和提升。构建文化遗产廊道是一项重要任务。

在历史城市空间的变迁过程中，"碎片化"的存在是不可逆转的趋势。北京古城的遗址也大多处于一种碎片化的环境中，设计者首先的责任，就是在于重新连缀整合这些碎片化的空间，利用植物和历史文化所围合的小环境，使人们感受到历史的氛围、文化的浸染，同时，大片的绿色背景林又与外界现代化的城市形成隔离。最终使这些历史遗存彰显出它的文化价值，重新焕发活力，成为为现代人服务的城市开放空间。

构建城市遗址廊道，是连缀整合城市"碎片化"空间的有效手段，强调将文化遗产与城市绿地结合的建设途径。绿地自身具有生态环境的修复功能和维持自然生态的平衡功能。遗址廊道的构建以协调人、文化遗产、生态环境三者之间的关系为目的。强调文化遗产与周边环境的融合。

北京城市发展历史悠久，文化遗产众多。在北京历史城墙和水系周边，大量分布有地理跨度长、涵盖时间广、多元文化特征显著、功能丰富的历史文化遗址，并形成了以城墙、水系为链接纽带的遗址线路。城市遗址廊道的构建，

是串联历史文化遗址、自然遗留地和绿色连接带的重要手段，因此在遗址廊道构建的过程中，应结合历史所遗留的城墙、水系和其他自然优势。同时，沿城墙或水系零散分布的文化遗址应当结合相关自然遗址、滨水游憩地等公共空间，利用绿色连接带构成系统的遗址廊道体系。建立集生态、历史、文化、游憩等多种功能于一体的绿色开放空间系统。实现历史文化遗址保护工作与城市经济文化建设等其他要素的协调发展。

用园林的理法结合北京厚重的历史文化，沿着城墙遗址和水系河道，几十年来，我亲身经历并非常幸运主持并完成了许多项目，其中"一城一河"就构成了两条完整的文化廊道，北京像这样所构建的历史文化遗产廊道，不但具有串联遗址—公园—博物馆—文化节点的特点，还具有多赢的综合社会效益。其核心是现代园林理念所具有的兼容并包的极大优势，其中的历史文化特征、环境生态效益、大众休憩功能、城市景观质量以及城市防灾避险功能，都被园林非常自然地协调整合在一起。能够参与构建北京的历史文化遗产廊道，应该是历史赋予中国现代园林的使命，也是我们这一代的神圣职责。

现在看到游人在逛这些公园和健身的同时，无不津津乐道于那些历史掌故，从很多角度说，我们都不能小看这些历史故事的作用，它可以发挥很好社会教化功能。历史的传承不应只在博物馆里、在书本上，还应是在民间的口口相传。那些故事从来都是一个城市的支点、是一个城市隐藏的结构，它提醒我们，一座城市的品位和生命力不在于光怪离奇、五花八门的建筑，而在于它厚重的历史和实实在在的生活。

附表：公园案例项目名录

	序号	项目名称	项目位置	建设规模	历史溯源	文化特色定位	设计时间	获得奖项
一城	1	莲花池公园	丰台区莲花桥东南	44.61hm², 水面 15hm²	西周初期	北京城起源最早、最为重要的"生命印记"	2015 年	
	2	天宁寺桥北街心公园	西城区天宁寺桥北侧	1.5hm²	西周初期	反映蓟丘的悠久的文化历史	2015 年	北京园林优秀设计三等奖（2016 年）
	3	金中都公园	西城区西二环菜户营桥东北角	约 5hm²	金代	反映金中都建都文化的室外博物馆	2013 年	北京园林优秀设计一等奖（2014 年）北京市第十五届优秀工程设计一等奖（2014 年）
	4	鱼藻池公园	西城区广安门南白纸坊桥西	5hm²，水面 1.5hm²	金代	反映金中都宫苑遗址	2014 年	
	5	元大都城垣遗址公园	海淀区明光村至朝阳区惠新西街南口	113hm²；长 9000m，宽 130~160m	元代	集历史遗址保护、市民休闲游憩、改善生态环境于一体的开放式带状城市公园	2003 年	北京园林优秀设计一等奖（2004 年）住房和城乡建设部中国人居环境范例奖（2004 年）
	6	明皇城根遗址公园	东城区北河沿大街至南河沿大街	7hm²，长 2400m，宽 29m	明、清	既反映历史文脉，又表现现代气息的城市开放空间	2001 年	北京园林优秀设计一等奖（2001 年）
	7	西皇城根南街绿地	西城区西皇城根南街	面积 0.5hm²	明、清	利用明、清皇城西南城墙拐角遗迹，以绿地形式保护了珍贵的"皇城记忆"	2014 年	
	8	西二环顺城公园	西城区西二环东侧	7hm²	明、清	反映古代金融和煤门的历史记忆	2002 年	首都绿化委员会绿化美化优秀设计奖（2002 年）北京园林优秀设计二等奖（2002 年）
	9	北二环德胜公园和城市公园	北二环全线	10.4hm²	明、清	绿色城墙设计理念及北京旧城轮廓文化性修复	2007 年	北京园林优秀设计一等奖（2007 年）北京市规划委员会设计一等奖（2008 年）
一河	1	什刹海风景区	西城区什刹海风景区	302hm²，水面 33.6hm²	元代	自然风光与人文景观相辉映，古都风韵与时尚生活相融合的传统风貌旅游区	2007 年	
	2	玉河公园	东城区地安门外大街至北河沿大街	2.1hm²	元代	恢复水穿街巷的历史景观，再现古都灵动的空间格局	2016 年	
	3	菖蒲河公园	东城区天安门城楼东侧	5hm²，河道全长 510m	明代	恢复河道景观，强调与周边历史景点及北侧大宅院相互融合、渗透的新园林。	2002 年	首都绿化美化优秀设计奖（2002 年）北京园林优秀设计一等奖（2002 年）北京市规划委员会设计一等奖（2005 年）中国人居环境范例奖联合国人居环境范例奖
	4	通惠河庆丰公园	朝阳区通惠河西段	26.7hm²，全长约 1700m，宽 70~260m	元代	"新中式"园林的有益尝试	2009 年	北京市园林优秀设计一等奖（2010 年）
	5	通州商务园滨水公园	通州区滨榆东路以西	40hm²；长约 4000m	元代	表现自然之美与现代商务的城市滨水公园	2007 年	北京市第十六届优秀工程设计二等奖（2012 年）全国优秀工程勘察设计行业园林景观二等奖（2013 年）
	6	大运河森林公园	通州区北起六环路，南至武窑桥	633hm²（其中水域 150hm²），全长 8600m	元代	体现大运河生态、自然、田园风光	2007 年	住房和城乡建设部中国人居环境范例奖（2010 年）北京市园林优秀设计一等奖（2013 年）北京工程勘察设计行业协会优秀工程设计园林景观一等奖（2015 年）

参考文献

[1] 梁思成.都市计划的无比杰作.新观察，1951.

[2] 郎毅.北京城的摇篮.水利天地，1987（4）.

[3] 陈平.皇城根遗址公园.北京：人民美术出版社，2002.

[4] 王军.城记.生活·读书·新知三联书店，2003.

[5] 陈秀中，梁振强.京味新园林.乌鲁木齐：新疆科学技术出版社，2002.

[6] 阎崇年.北京文化的历史特点.北京师范大学学报（社会科学版），2004.

[7] 李裕宏.北京的摇篮——莲花池水系.北京水利，2004（5）.

[8] 陈平.菖蒲河公园.北京：中国旅游出版社，2005.

[9] 王国华.北京城墙存废记.北京：北京出版社，2007.

[10] 朱祖希.营园匠意.北京：中华书局，2007.

[11] 陈向远.城市大园林.北京：中国林业出版社，2008.

[12] 侯仁之.北京城的生命印记.生活·读书·新知三联书店，2009.

[13] 戴代新，戴开宇.历史文化景观的再现.北京：同济大学出版社，2009.

[14] 刘秀晨.北京园林文化发展与繁荣的思考.中国建设报，2014-2-20.

后 记

    本书的出版是我从业整三十年的纪念，写这本书也是完成了一个心愿、一种情缘。作为一个"生于斯，长于斯"从小在老城区长大的北京人，耳濡目染对昔日京城的韵味和老北京的生活留下了深刻的印象，没想到后来正好又从事了与古城保护与京味文化息息相关的工作，感到是冥冥之中的缘分，也是一种责任，可以把这份情感和眷恋与工作相结合，有机会领略、感知和触摸这座城市辉煌的过去，也是很幸运的一件事。

    看着北京城日新月异变化的同时，它沧桑厚重的古城痕迹和淳朴亲切的民风民俗，如往昔的京城旧影，也离我们渐渐远去。北京的城区就其面积而言越来越大，已经数倍于原来的老城区，但可惜的是这座城市的特色却越来越少，人们越来越热衷于建设一个全新的北京城。另外，在保护古都风貌的建设中也出现了过分重视"貌"的营造，也就是追求外在的形似，而忽视了"风"也就是内涵和灵魂的传承，没有把核心的东西延续下来。因此我们既要有"貌"的保护，又要有"风"的弘扬，才能真正留住这座城市记忆。本书所列举的每个项目都是由甲方、设计与施工三方一起群策群力，共同辛勤付出而完成的，在此一并感谢。

    感谢尊敬的孟兆祯院士在百忙之中为本书作序，老师的身教言传，受惠终身。感谢神交已久、心慕笔随的刘秀晨参事热情洋溢的序和评论，您的提携和鼓励，坚定了我今后的发展方向。感谢北京林业大学的刘志成教授和他的学生在前期定题和资料收集阶段所提供的无私帮助。感谢公司的毕小山利用业余时间整理的大量文字和图表。特别要感谢公司的教授级高工许联瑛为本书文字整理编辑付出的大量心血，为她严谨的阅评和提出的许多中肯建议，感谢之情无以言表。

    最后要感谢的是檀馨老师，我所取得的成绩与檀老师多年以来的悉心指导和关怀帮助密不可分。我从她身上学到了许许多多，也正是在檀馨老师的鼓励下才完成了此书。本书是"梦笔生花"系列丛书的第三部，希望可以一直坚持下去，不断开花结果。

李战修

2016 年 12 月

图书在版编目(CIP)数据

站在历史与未来之间——北京文化遗址公园创新设计/李战修著.
北京：中国建筑工业出版社，2017.1
（梦笔生花；第三部）
ISBN 978-7-112-20192-1

I.①站… II.①李… III.①城市公园-园林设计-研究-北京
IV.①TU986.621

中国版本图书馆CIP数据核字（2016）第317269号

责任编辑：杜 洁 李玲洁
责任校对：王宇枢 张 颖

梦笔生花
第三部 站在历史与未来之间——北京文化遗址公园创新设计

李战修 著

＊

中国建筑工业出版社出版、发行（北京海淀三里河路9号）
各地新华书店、建筑书店经销
北京雅昌艺术印刷有限公司印刷

＊

开本：787×1092毫米 1/12 印张：23⅔ 字数：525千字
2017年1月第一版 2017年1月第一次印刷
定价：199.00元
ISBN 978-7-112-20192-1
　　　　　　（29680）